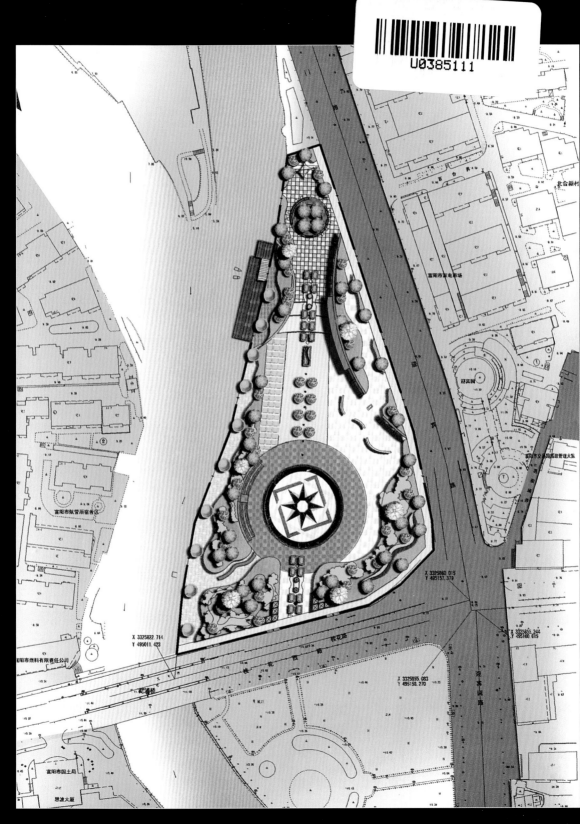

彩插1　第七章用图

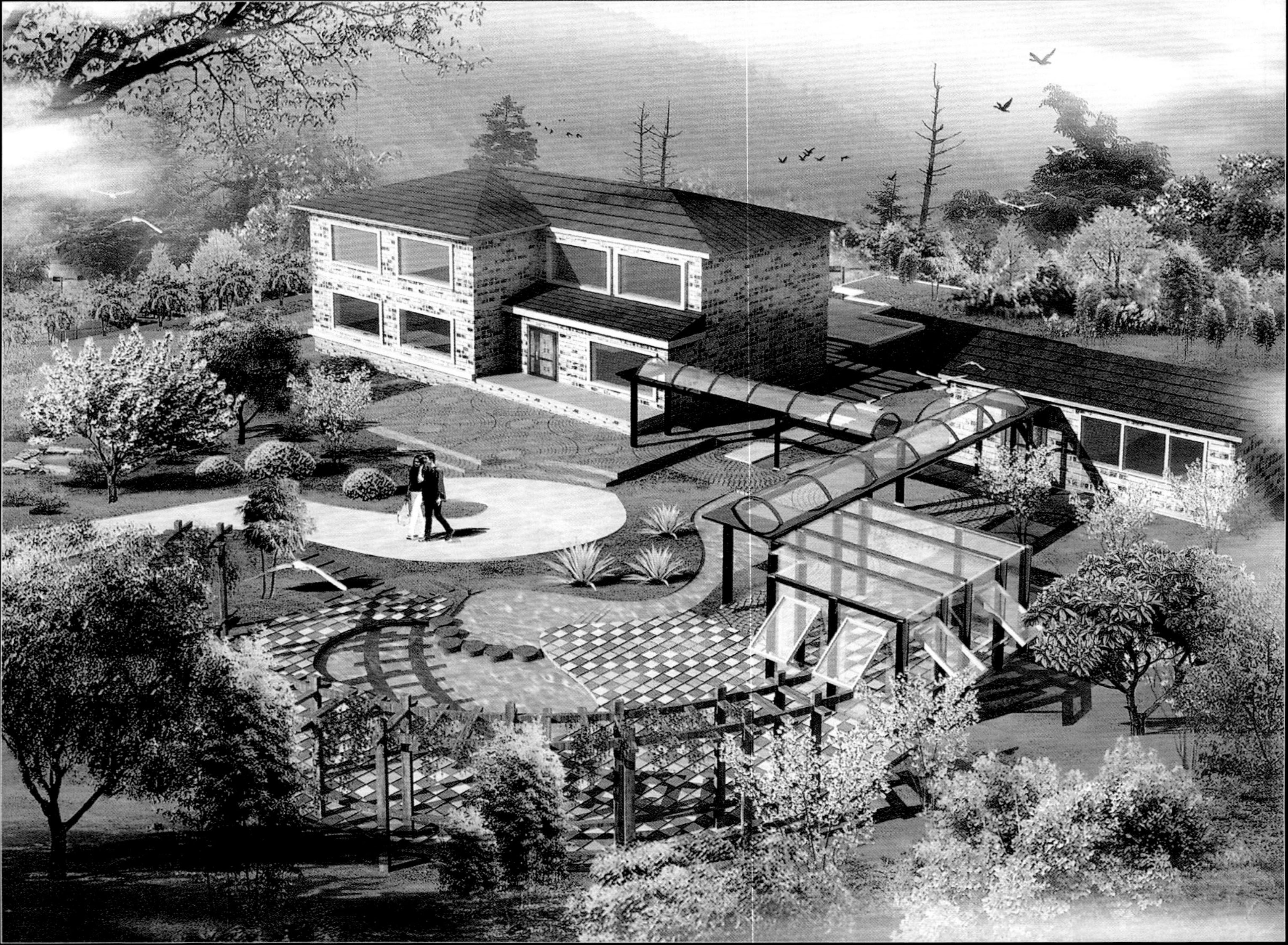

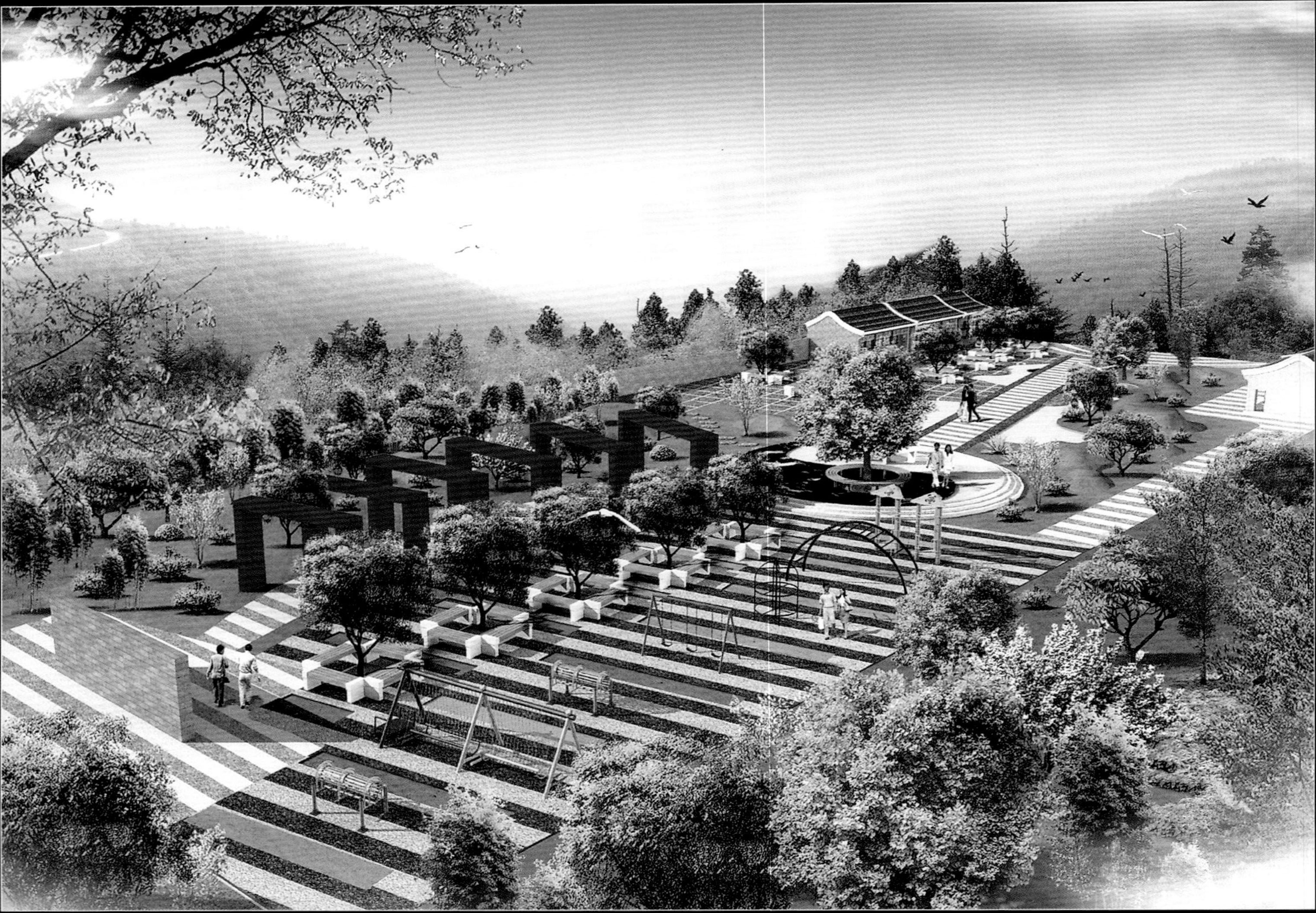

彩插 4　第十章用图

Photoshop
景观效果图后期表现教程
第三版

李淑玲　主　编
黄竹　李菲　副主编

化学工业出版社
·北　京·

内容简介

本书分理论和实例两个部分。理论部分系统讲解了在效果图后期制作过程中需要掌握的基本命令和操作，并以每章一练的形式巩固知识。实例部分以广场总平面效果、居住小区景观、道路景观等实际工作中遇到的较典型的案例进行详细讲解，提高读者解决实际问题的能力。

书中提供大量的实例和习题，由浅入深地介绍了 Photoshop 的基本工具。大部分习题仅给出了操作提示，并没有给出详细的操作步骤，这样做的目的是给读者留出思考和发挥的空间。

本书适合园林相关专业、环境艺术设计、城乡规划等专业的大中专院校的学生使用，也可用作各类相关培训的培训教材，还可供有关技术人员参考。

图书在版编目（CIP）数据

Photoshop 景观效果图后期表现教程 / 李淑玲主编.
3 版. --北京：化学工业出版社，2025.2. -- ISBN
978-7-122-46886-4

Ⅰ．TU986.2-39

中国国家版本馆 CIP 数据核字第 2025DZ8016 号

责任编辑：王文峡
责任校对：刘曦阳　　　　　　　　　　　　　　　　装帧设计：尹琳琳

出版发行：化学工业出版社（北京市东城区青年湖南街 13 号　邮政编码 100011）
印　　装：河北鑫兆源印刷有限公司
787mm×1092mm　1/16　印张 19　彩插 2　字数 474 千字　2025 年 2 月北京第 3 版第 1 次印刷

购书咨询：010-64518888　　　　　　　　　　　　售后服务：010-64518899
网　　址：http://www.cip.com.cn
凡购买本书，如有缺损质量问题，本社销售中心负责调换。

定　　价：49.00 元　　　　　　　　　　　　　　　版权所有　违者必究

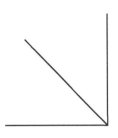

Preface

第三版前言

　　Photoshop 作为一种经典的平面设计软件，在景观效果图制作中起着举足轻重的作用。对于 Photoshop 后期处理技术的掌握，直接决定了景观效果图绘制的效果。

　　为适应教学需要和满足读者学习新版软件的需求，本书基于 Adobe Photoshop CC 在第二版基础上做了一些更新和完善。每个章节在保留了导读和小结的基础上增加了重点、难点，并加入了微课内容，更改了基础部分的习题，使学习者入门或是自学更为容易。综合实战之前还贴心地加入了点拨，同时书后附上了 Photoshop 的常用快捷键，方便学习者自学使用。

　　本书编者力图将多年从事园林相关专业 Photoshop 教学获得的经验体现在书中，注重培养园林景观效果图的实际操作能力。本教材分为理论和实例两个部分：理论部分系统讲解了在效果图后期制作过程中需要掌握的基本命令，并以每章一练的形式巩固知识；实例部分以广场总平面效果、居住小区景观、道路景观等等实际工作中遇到的较典型的案例进行详细讲解，提高读者解决实际问题的能力。

　　书中提供大量的实例和习题，按照由浅入深的教学原则，采取循序渐进的教学方法，力求对重点概念、重要的操作技能讲深讲透。

　　本书有配套的教学素材和教学 PPT，可登录"化工教育"网（www.cipedu.com.cn）注册后免费下载。

　　本书适合大中专院校园林相关专业、环境艺术设计、城乡规划等专业的学生使用，也可用作各类相关培训的培训教材，还可供有关技术人员参考。

　　本书由李淑玲担任主编，黄竹、李菲担任副主编。参加本书编写的还有易庆平、赵丽艳。

　　限于时间和水平，书中不妥之处请指正。

编者

2024 年 5 月

Contents 目录

4 色调和色彩的调整

5 图层的应用

6

Photoshop 景观效果图后期表现教程

通道与蒙版 /116

7

Photoshop 景观效果图后期表现教程

广场平面效果图后期处理 /136

8

Photoshop 景观效果图后期表现教程

别墅庭院鸟瞰图后期处理 /190

9

道路景观效果图后期处理   /240

10

休闲绿地景观效果图后期处理   /262

1 景观效果图后期处理的基本知识

本章导读

　　掌握景观效果图后期处理的色彩常识；熟悉景观效果图的构图要点；了解 Photoshop 在景观效果图制作中的应用。

重点和难点

　☑　景观效果图的色彩处理原则。
　☑　景观效果图的构图要点。

1.1 景观效果图后期处理的色彩常识

1.1.1 色彩

色彩，可分为无彩色和有彩色两大类。前者如黑、白、灰，后者如红、黄、蓝等。有彩色就是具备光谱上的某种或某些色相，统称为彩调。与此相反，无彩色就没有彩调。

无彩色有明有暗，表现为白、黑，也称色调。有彩色表现很复杂，但可以用三组特征值来确定。其一是彩调，也就是色相；其二是明暗，也就是明度；其三是色强，也就是纯度、彩度。明度、色相、彩度确定色彩的状态，称为色彩的三要素。明度和色相合并为二线的色状态，称为色调。

1.1.2 色彩三要素

色彩三要素即明度、色相、彩度。

1.1.2.1 明度

谈到明度，宜从无彩色入手，因为无彩色只有一维，好辨得多。最亮是白，最暗是黑，以及黑白之间不同程度的灰，都具有明暗强度的表现。若按一定的间隔划分，就构成明暗尺度。有彩色即靠自身所具有的明度值，也靠加减灰、白调来调节明暗。

日本色研配色体系（P．C．C．S．）用九级，孟塞尔（Albert Henry Munsell）则用十一级来表示明暗，两者都用一连串数字表示明度的速增。物体表面明度和它表面的反射率有关，反射得多、吸收得少，便是亮的；相反便是暗的。百分之百反射光线是理想的白；百分之百吸收光线是理想的黑。事实上没有这种理想的现象，因此人们常常把最近乎理想白的硫化镁结晶表面作为白的标准。在 P．C．C．S．制中，黑为 1，灰调顺次是 2.4、3.5、4.5、5.5、6.5、7.5、8.5，白就是 9.5。在九级中间如果加上它们的分界级，即 2、3、4、5、6、7、8、9，便得十七个亮度级。越靠向白，亮度越高；越靠向黑，亮度越低。通俗的划分有最高、高、略高、中、略低、低、最低七级。

有彩色的明暗，其纯度的明度，以无彩色灰调的相应明度来表示其相应的明度值。明度一般采用上下垂直来标示。最上方的是白，最下方是黑，然后按感觉的发调差级，排入灰调。

1.1.2.2 色相

有彩色就是包含了彩度，即红、黄、蓝等几个色族，这些色族便叫色相。最初的基本色相为红、橙、黄、绿、蓝、紫。在各色中间加插一两个中间色，其头尾色相按光谱顺序为红、橙红、黄橙、黄、黄绿、绿、绿蓝、蓝绿、蓝、蓝紫、紫、红紫。红和紫再加中间色，可制出十二基本色相。这十二色相的彩调变化，在光谱色感上是均匀的。如果进一步再找出其中间色，便可以得到二十四个色相。如果再把光谱的红、橙黄、绿、蓝、紫诸色带圈起来，在红和紫之间插入半幅，构成环形的色相关系，便称为色相环。基本色相间取中间色，即得十二色相环。再进一步便是二十四色相环。在色相环的圆圈里，各彩调按不同角度排列，则十二色相环每一色相间距为 30 度，二十四色相环每一色相间距为 15 度。

1.1.2.3 彩度

一种色相彩度有强弱之分。例如正红，有鲜艳无杂质的纯红，有涩而干残的"凋玫瑰"，也有较淡薄的粉红。它们的色相都相同，但强弱不一，一般称为色品。彩度常用高低来描述，彩度越高，色越纯，越艳；彩度越低，色越涩，越浊。纯色是彩度最高的一级。

一般用水平横轴表示彩度，以无彩色竖轴为点，在色相环某一色相方向伸展开，按彩度由低至高分作若干级，P．C．C．S 制分九级，以 S 为其标度单位，最低为 IS，最高为 g S。越靠近无彩竖轴，彩度越低。无彩轴上没有一点彩调，彩度为 0S。离无彩轴远则彩度高，端点便是纯色，即光谱上该色之色相。

彩度这样分级：按纯度的亮度，寻找其对应的灰调，分为九等份（依感觉），逐一加入纯色中，同时逐一扣去纯色的一份，于是便得到纯色的八个连续的彩度。5 S 是扣去 4/9 纯色加入了 4/9 的灰量；ISG 是扣去 8/9 纯度，加入了 8/9 纯色，加入了 8/9 灰量。通俗的分法与九级彩度相对应，用高、略高、中、略低、低五级来表示。

1.1.3　景观效果图的色彩处理与配景

1.1.3.1　色彩处理

首先，确定效果图的主色调。任何一幅作品必须具有一个主色调，园林景观效果图也是如此，就像乐曲的主旋律一样，主导了整个作品的艺术氛围。

其次，处理好统一与变化的关系。主色调强调了色彩风格的统一，但如果通篇都使用一种色调，作品就失去了活力，表现出的情感也非常单一，甚至死板。所以要在统一的基础上求变，力求表现出园林景观的韵律感、节奏感。

最后，处理好色彩与空间的关系。由于色彩能够影响物体的大小、远近等物理属性，因此，利用这种特性可以在一定程度上改变园林景观空间的大小、比例、透视等视觉效果。例如，色块大就用收缩色，色块小就用膨胀色。这样可以在一定程度上改善效果图的视觉效果。

1.1.3.2　配景

园林景观效果图的环境通常也称为配景，主要包括天空、车辆人物等。

（1）天空　不同的时间与气候，天空的色彩是不同的，它也会影响效果图的表现意境。造型简洁、体量较小的园林建筑，如果没有过多的树木与人物等衬景，可以使用浮云多变的天空图，以增加画面的景观。造型复杂、体量庞大的园林建筑，可以使用平和宁静的天空图，以突出园林建筑物的造型特征，缓和画面的纷繁。天空在效果图中占的画面比例较大，但主要是起陪衬作用，因此不宜过分雕琢，必须从实际出发合理运用，以免分散主题。

（2）车辆人物　在园林景观效果中添加车辆人物可以增强效果图的生气，使画面更具生机。通常情况下，在一些公共建筑和商业建筑的入口处以及住宅小区的小路上，可以添加一些人物，在一些繁华的商业街中可以添加一些静止或运动的车辆，以增强画面的生活气息。在添加车辆与人物时要适度，不要造成纷乱现象而冲淡了主题。

1.2　景观效果图的构图

效果图的构图，不同的作品具有不同的构图原则。对于园林景观效果图来说，要遵循平衡、统一、比例、节奏、对比等原则。

1.2.1　平衡

平衡是指空间构图中各元素的视觉分量给人以稳定的感觉。不同的形态、色彩、质感在视觉传达和心理上会产生不同的分量感觉，只有不偏不倚的稳定状态，才能产生平衡、庄重、肃穆的美感。平衡有对称平衡和非对称平衡之分。对称平衡是指画面中心两侧或四周的元素具有相等的视觉分量，给人以安全、稳定、庄严的感觉；非对称平衡是指画面中心两侧或四周的元素比例不等，但是利用视觉规律，通过大小、形状、远近、色彩等因素来调节构图元素的视觉分量，从而达到一种平衡状态，给人以新颖、活泼、运动的感觉。例如，相同的两个物体，深色的物体要比浅色的物体感觉重一些；表面粗糙的物体要比表面光滑的物体显得重一些。

1.2.2 统一

统一是美术设计的重要原则之一，制作建筑效果图时也是如此，一定要使画面拥有统一的思想和格调，把所涉及的构图要素运用艺术的手法创造出协调统一的感觉。这里所指的统一，包括构图元素的统一、色彩的统一、思想的统一、氛围的统一等多方面的。统一不是单调，在强调统一的同时，切忌把作品推向单调，应该是既不单调又不混乱，既有起伏又有协调的整体艺术效果。例如，有时为了获得空间的协调统一，可以借助正方形、圆形、三角形等基本元素，使不协调的空间得以和谐统一，或者也可以使用适当的文字进行点缀。

1.2.3 比例

在进行效果图构图时，比例是很重要的，主要包括两个方面：一是指造型比例；二是指构图比例。

首先，对于效果图中的各种造型，不论其形状如何，都存在长、宽、高三个方向的度量。这三个方向上的度量比例一定要合理，物体才会给人以美感。例如，制作一座楼房的室外效果图，其中长、宽、高就是一个比例问题，只有把长、宽、高之间的比例设置合理，效果图看起来才逼真，这是每位从事效果图制作的人都能体会到的。实际上，在建筑和艺术领域有一个非常实用的比例关系，即黄金分割 1:1.618，这对制作建筑造型具有一定的指导意义。当然，不同的问题还要结合实际情况进行不同的处理。

其次，具备了比例和谐的造型后，把它放在一个环境之中时，需要强调构图比例，理想的构图比例是 2:3、3:4、4:5 等。对于室外效果图来说，主体与环境设施、人体、树木等要保持合理的比例。

1.2.4 节奏

节奏体现了形式美。在效果图中，将造型或色彩以相同或相似的序列重复交替排列可以获得节奏感。自然界中有许多事物，例如人工编织物、斑马纹等，由于有规律地重复出现，或者有秩序地变化，给人以美的感受。在现实生活中，人类有意识地模仿和运用自然界中的一些纹理，创造出了很多有条理性、重复性和连续性的美丽图案，例如皮革纹理、布匹纹理等，很多都是重复美。节奏就是有规律的重复，各空间要素之间具有单纯的、明确的、秩序井然的关系，使人产生匀速有规律的动感。

1.2.5 对比

有效地运用任何一种差异，通过大小、形状、方向、明暗及情感对比等方式，都可以吸引读者的注意力。在制作效果图时，应用最多的是明暗对比，这主要体现在灯光的处理技术上。

1.3 Photoshop **在景观效果图制作中的应用**

景观设计是一个专业性较强的工作，设计师在设计过程中通常会使用大量的专业性术语和符号来表达自己的设计思想，而这些专业术语和符号对一般人来说是难以理解的。因此，就需要一个比平面图更直观，更真实、更形象、更利于表达的一种方式，景观设计效果图就是景观平面图的立体展现。

1.3.1 景观透视效果图

与手工绘制的效果图相比，Photoshop 制作的透视效果图更加真实，整幅作品总的透视关系非常准确。如图 1-1 中，建筑的透视表现非常明晰。利用 Photoshop 中的通道和其他强大功能对于图中配景也进行了较为细腻的处理。

图 1-1 景观透视效果图

1.3.2 景观立面效果图

如图 1-2 所示，在 Photoshop 中用调色板、渐变、喷枪等工具完美地处理建筑、植物、铺地、天空、道路等各自的颜色及它们色相的相互关系，细致表现建筑立面的整体效果，车辆、人物、植物、天空的添加使画面更完整、生动。

图 1-2 景观立面效果图

1.3.3 规划平面效果图

应用 Photoshop 表现的规划平面效果图图像清晰、色彩丰富。如图 1-3 所示，利用 Photoshop
做出了小区建筑的投影效果，植物的绿色与建筑的粉色形成大色块，视觉上形成强烈的冲击。
植物中绿色与黄色为对比色，形成强对比，使画面色彩鲜明、对比强烈，富有感染力，而且
树木从草地背景中拉起，形成立体感。

1.3.4 规划鸟瞰效果图

鸟瞰图表现总体规划，更便于读图者理解空间地形关系。如图 1-4 所示，经 Photoshop
渲染得到的鸟瞰图修改了 3DMAX 渲染成图后的缺陷及色彩校正，并添加各种配景，用树、
天空来表现建筑的高大雄伟，衬托主体建筑更加雄伟高大。

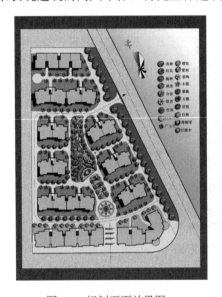

图 1-3 规划平面效果图　　　　　　　图 1-4 规划鸟瞰效果图

本 章 小 结

本章主要介绍景观效果图后期处理的色彩常识，并阐述制作景观效果图时遵循的构图原
则，通过图片介绍 Photoshop 在景观效果图制作中的应用。使读者对 Photoshop 在园林景观效
果图中的应用有一个整体印象。

习 题

一、填空题

1. _____、_____、_____称为色彩的三要素。

2. 园林景观效果图的构图原则有_____、_____、_____、_____、_____。

二、问答题

景观效果图的色彩处理原则是什么？

2
Photoshop 入门

本章导读

本章讲解 Photoshop 的基础知识，包括其功能、工作界面及基本操作；还介绍了图像的基本知识。通过对本章的学习，读者可以对 Photoshop 有一个基本的了解，对 Photoshop 的工作环境有一个初步的认识，为进一步的学习打下一个比较好的基础。

重点和难点

- ☑ Photoshop 的环境优化设置。
- ☑ 图像的基本知识。
- ☑ Photoshop 的基本文件操作。

2.1 Photoshop **导论**

Photoshop 是美国 Adobe 公司推出的平面设计和编辑软件，具有十分强大的图像处理功能。它以全新的工作界面、便捷的操作以及强大的灵活性深受广大平面设计人员的青睐。

Photoshop 集设计、图像处理和图像输出于一体，可以为美术设计人员的作品添加艺术魅力；为摄影师提供颜色校正和润饰、瑕疵修复以及颜色浓度调整等。从事平面广告、建筑及装饰装潢等行业的设计人员通过 Photoshop 中的绘图、通道、路径和滤镜等多种图像处理手段，可以设计出灯箱广告、海报、招贴、宣传画和企业 CIS 等高质量的平面作品。

2.1.1 Photoshop 的功能

（1）支持大量的图像格式，并在各种图像格式之间进行转换。

（2）可调整图像的尺寸和分辨率，并可剪裁。

（3）支持多种颜色模式，并能随意调整图像的色彩和色调。

（4）绘画功能、图层功能、选取功能。

（5）可以轻松消除图片中的尘埃、划痕、脏点和褶皱，同时保留图像中的阴影、光照和纹理等效果。

（6）可以创建、查看、分类和快速查找各种图像。

2.1.2 Photoshop 的特性

2.1.2.1 智能参考线

图 2-1　Photoshop

Photoshop 的升级除界面的改变，还会增加许多新功能，使用户处理图像变得更加轻松、方便、快捷（如图 2-1）。其中，智能参考线是较有用的一个功能，下面作简要介绍。

按住【Option】（Mac）或【Alt】（Windows）键的同时拖动图层，Photoshop 会显示测量参考线，它表示原始图层和复制图层之间的距离。默认情况下启用智能参考线（如图 2-2）。

图 2-2　智能参考线

此外，还可实现路径测量、匹配的间距测量、【Cmd】（Mac）/【Ctrl】（Win）+悬停在图层上方、与画布之间的距离测量等操作。

2.1.2.2 智能锐化

滤镜-锐化-智能锐化。新的智能锐化滤镜轻松提高图像清晰度，可以通过控制参数数量、半径、降低噪音以及选择的模糊类型最大限度地减少噪声和光环效应（如图2-3）。

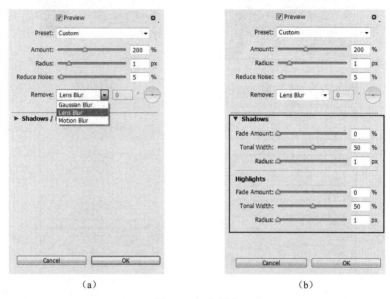

（a）　　　　　　　　　　　（b）

图 2-3　智能锐化

2.1.2.3 图像的无损缩放

图像>图像大小。生成智能缩放效果，提高整体清晰度（如图2-4）。

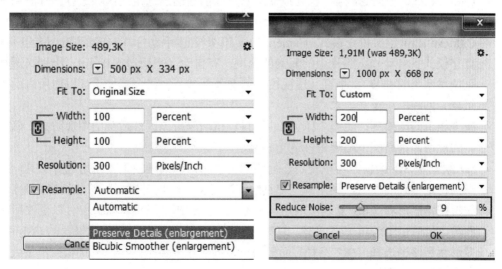

图 2-4　图像的无损缩放

2.1.2.4 滤镜插件 Adobe Camera Raw

滤镜>相机原始数据过滤器。适用于大多数类型的文件，例如视频剪辑、PNG、TIFF、JPEG，可以应用到任何图层［见图2-5（a）］。

2.1.2.5 Camera Raw 智能移除工具

工作原理类似修复画笔工具。运动去除模式为 heal 和 clone。heal 的采样区域是纹理、光照和阴影,clone 适用于图像采样面积,可以设置画笔的大小和不透明度级别[见图 2-5(b)]。

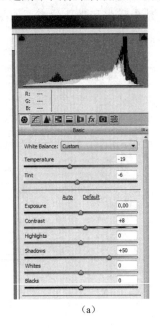

(a)   (b)

图 2-5　滤镜插件

2.1.2.6 其他推荐功能

- ✓ **Camera Raw 径向滤波器**:径向过滤工具可以创建椭圆选定的区域进行图片的局部调整、校正。可以将多个径向过滤器上的图像,并且每个应用不同的调整效果。
- ✓ **Camera Raw 镜头校正模式**: Camera Raw-镜头校正-手动标签。能实现自动校正图像,直立模式下自动修正照片中的元素的角度。有自动(平衡透视校正)、级别(透视校正偏重水平的细节)、垂直(透视校正偏重垂直细节)和全部校正(以前所有的模式组合)四种校正模式。
- ✓ **减少相机抖动模糊**:滤镜-锐化-智能防抖。自动分析该区最适合的图像防抖,确定模糊的性质,推断整个图像进行适当的更正。
- ✓ **3D 绘画和 3D 面板**:可以使用任何绘画工具涂抹的三维模型。使用选择工具,可以识别特定格式的模型,利用画笔工具绘制即可实现轻松对模型附着的纹理做调整。
- ✓ **编辑圆角矩形和 CSS 复制**:创建一个形状,然后在"属性"面板中可以更改所有的圆角,同时每个边角单独调整,复制这个形状并将其粘贴在代码编辑器的 CSS 中。
- ✓ **多形状和路径选择**:在"路径"面板中可以同时选取多个路径、形状和矢量蒙版,从弹出菜单面板可以进行复制和删除。

2.1.3 Photoshop 的工作环境与界面

选择 开始 → 图示例 → Adobe Photoshop 命令,即可启动 Photoshop 程序并进入其操作界面,如图 2-6 所示。操作界面由标题栏、菜单栏、工具箱、图像窗口、各种面板等组成,与以前版本的界面大体相似,只是将状态栏显示在图像窗口上。

图 2-6 Photoshop 操作界面

2.1.3.1 标题栏

标题栏位于工作界面的最上端。标题栏最左侧显示的是软件图标和名称，当用户正在对某个文件进行操作时，还将显示该文件的文件名，该文件名紧跟在软件名称后面。最右侧为窗口控制按钮，可用来对图像窗口进行最大化（还原）、最小化、关闭操作。

2.1.3.2 菜单栏

菜单栏位于标题栏的下方，由 11 个菜单项组成，界面如图 2-7 所示。

| Ps | 文件(F) | 编辑(E) | 图像(I) | 图层(L) | 文字(Y) | 选择(S) | 滤镜(T) | 3D(D) | 视图(V) | 窗口(W) | 帮助(H) |

图 2-7 菜单栏

菜单栏中包含了所有的图像处理命令，用户可打开各菜单项选择所需的命令对图像文件进行处理，也可以按相应的快捷键快速执行相应的命令，如"文件"菜单下的【打开】命令，可以按快捷键【Ctrl+O】来实现。使用快捷菜单可以更快地执行 Photoshop 中的常用命令。若要熟练掌握 Photoshop 的功能，务必掌握快捷菜单的使用（Photoshop 常用快捷键见本书附录）。

💡 **提示：** 菜单栏有些命令后面有小黑三角，表示该命令下还有子菜单命令；有些命令后面有省略号，表示选择该命令，可以弹出相应的对话框。

2.1.3.3 工具箱

工具箱一般位于工作窗口的左侧，它是 Photoshop 的重要组成部分，如图 2-8 所示，其中包括 50 多种工具。有些工具右下角带小三角箭头，表示还有其他隐藏的工具，将鼠标指针移动至小三角处，按住鼠标左键不放，即可打开隐藏的工具，用户可根据需要进行选择。

💡 **提示：** 在工具箱中，某一组工具显示在其中的图标是不固定的，也就是说该图标会随着前面在子工具条中选择工具的不同而变化，即该图标显示为刚才选取的工具图标。

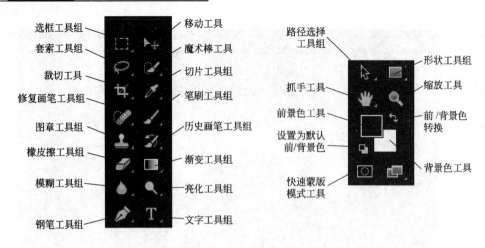

图 2-8 Photoshop 工具箱中各工具的名称

2.1.3.4 属性栏

属性栏又称为工具选项栏，用来对目前正在使用工具的选项和参数进行说明，它位于菜单栏的下方。选择不同的工具，在属性栏中就会显示相应工具的选项，用户可通过对选项的设置，更方便地使用工具。例如，单击工具箱中的魔棒工具按钮，即可在属性栏中显示魔棒工具的各种属性设置，如图 2-9 所示。

图 2-9 魔棒工具属性栏

2.1.3.5 控制面板

控制面板位于工作界面的最右端。用户可根据需要将它拖动到界面的其他位置。为了使操作窗口简洁明快，用户可以只将常用的控制面板显示在工作窗口中，而将不用的控制面板予以隐藏。在 窗口(W) 菜单中选择相应命令，当该命令前出现"√"标志时，其对应的控制面板就会显示在窗口中，再次选择该命令，即可隐藏该控制面板。在默认状态下，Photoshop 的面板分为 4 组，每一组由 2~3 个面板组合在一起，如图 2-10 所示。

图 2-10 Photoshop 的 4 组面板

在默认状态下，每一个面板组中的第一个面板为当前可操作面板，如图层面板组中的当前打开面板为"图层"面板。如果需要打开其他面板，只需单击相应的面板标签即可。如果需要关闭某组面板，最简便的方法是单击该面板组右侧的⊠按钮，单击❏按钮可以收缩面板标题栏及标签部分，单击▣按钮，便可还原面板的显示。

在实际操作中，可以根据需要只显示部分常用面板，但通过选择"窗口"菜单下的面板组命令，只能显示/隐藏某一个组面板，而不能对这个面板的显示进行控制，这时便可以将面板组中要使用的面板拆分出来单独使用，也可以将其合并到其他面板组中。

拆分或合并面板的方法是：将鼠标光标移动到需要拆分的面板选项卡上，单击鼠标并按住不放，拖动至工作界面的空白处或其他面板组的面板选项卡旁，然后释放鼠标即可。

💡 **提示**：在某些图书中"调板"也被称为"控制面板"，两者为同一概念。

2.1.3.6 状态栏

状态栏位于工作窗口的最底端，用于显示当前图像的显示比例、文件大小、状态与提示信息等。如图 2-11 所示。

图 2-11 状态栏

单击状态栏中的小三角可以打开如图 2-12 所示的菜单，从中选择显示文件的不同信息。

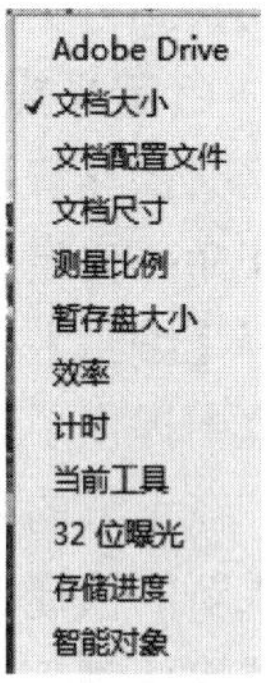

图 2-12 状态栏选择文件信息菜单

2.1.3.7 图像窗口

图像窗口是图像文件的显示区域，也是编辑与处理图像的区域，它可对图像窗口进行各种操作，如改变图像窗口的大小、缩放窗口或移动窗口位置等。图像窗口一般由图像文件名、图像格式、显示比例、色彩模式与标题栏组成，并且在 Photoshop 图像窗口的下面显示着图像的显示比例、文档大小与滚动条，如图 2-13 所示。

图 2-13 图像窗口

2.1.4 Photoshop 的环境优化设置

在使用 Photoshop 前需要进行一些优化设置，通过优化可以使用户在操作时更为方便和快捷。下面主要介绍 Photoshop 的几个常用优化设置，包括自定义工作界面、自定义快捷键以及"编辑/预置"子菜单下各个选项的设置。

2.1.4.1 自定义工作界面

自定义工作界面是为了减少 Photoshop 默认工作界面中不需要的部分，如在进行图像轮廓绘制或处理时，往往只需要使用工具箱和"历史记录"面板，这时可以隐藏界面不需要的部分，以获得更大的屏幕显示空间，但如果每次都需要自己动手去设置便比较麻烦，可以一次性调整好工作界面后选择【窗口】/【工作区】/【存储工作区】命令进行存储，以后使用时只需切换到自定义的工作界面状态下即可。

2.1.4.2 自定义操作快捷键

自定义操作快捷键是 Photoshop 可以使读者根据需要对菜单命令、工具的选择和面板的常用操作命令自定义所需的快捷键，以提高软件使用效率。

选择【编辑】/【键盘快捷键】命令，打开"键盘快捷键"对话框，在"快捷键用于"下拉列表框中提供了"应用程序菜单"、"调板菜单"和"工具"3 选项。选择"应用程序菜单"选项后，在下方的列表框中单击展开某个菜单后再单击需要添加或修改快捷键的命令，然后即可输入新的快捷键，如图 2-14 所示；若选择"工具"选项，则可对工具箱中的各个工具的选项设置快捷键，如图 2-15 所示。

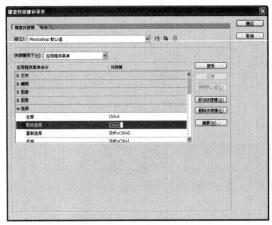

图 2-14 应用程序菜单定义快捷键　　　　　图 2-15 工具定义快捷键

2.1.4.3 预置选项设置

预置选项设置是指 Photoshop 的"编辑/预置"子菜单下各个命令的选项设置，包括常规设置、文件处理设置、显示与光标设置、透明度与色域设置、单位和标尺设置、增效工具与暂存盘设置和文件浏览器设置等，下面主要介绍几个常用的预置选项的设置。

（1）常规设置　选择【编辑】/【预置】/【常规】命令，打开的"预置"对话框。在"历史记录状态"文本框可以输入"历史记录"面板中记录历史操作的最大条数。"选项"栏中各主要复选框的作用如下。

　✓ ☑**输出剪贴板(X)**：表示可以使用剪贴板来暂存需粘贴的图像，以便交换文件。该复选框一般都要选中。

　✓ ☑**显示工具提示(E)**：表示将鼠标光标移至各工具图标上时是否显示工具名称等提示，建议初学者选中，熟练后可取消其显示。

　✓ ☑**存储调板位置(V)**：表示在退出 Photoshop 时是否保存退出前面板的位置等状态。

✓ ☐显示英文字体名称(F)：表示在文本工具属性栏中的字体下拉列表框中是否显示英文字体名称，默认为选中，建议初学者取消选中该复选框，这样，字体下拉列表框中只显示中文字体名，方便使用，选中时字体名称将以罗马字母显示。

✓ ☑工具切换使用 Shift 键(I)：前面讲过在同一工具组中的工具切换时可以按"Shift+工具快捷键"来实现。取消该复选框的选中，切换时就无需按【Shift】键，多次按工具的快捷键即可实现切换。

💡 **提示**：设置完成后单击 好 按钮确认设置；单击 上一个(P) 按钮可以转入前一项目的优化设置；单击 下一个(N) 按钮可以转入后一项目的优化设置。

（2）文件处理设置 选择【编辑】/【预置】/【文件处理】命令，将打开文件处理的对话框，各主要选项的作用如下。

图像预览：用于设置在哪些情况下存储图像预览图，包括"总是存储"、"总不存储"和"存储时提问"3 个选项。

✓ 文件扩展名：用于设置文件扩展名是使用小写还是大写。

✓ ☑存储分层的 TIFF 文件之前进行询问：在保存 TIFF 格式文件时若包含图层将进行询问。

✓ ☐启用大型文档格式 (.psb)：选中该复选框，可以在启用 ACDSee 等图片浏览器软件时浏览 PSD 格式的图像文件内容，但这样会增加文件大小。

近期文件列表包含：用于设置在"文件/最近打开文件"子菜单中最多可列出的最近打开文件的个数，增加个数并不会占用内存。

（3）显示与光标设置 选择【编辑】/【预置】/【显示与光标】命令，可以打开如图 2-16的"预置"对话框。其中☑通道用原色显示(L)复选框用于设置是否显示通道的颜色，若选中该复选框，通道中的图像以原色显示；若不选中则显示为灰色。"绘画光标"栏用于设置使用画笔工具等绘图工具进行绘画时光标的形状。其中，⊙标准(T)单选按钮表示默认的标准形状，即绘图工具的工具图标；○精确(R)单选按钮表示十字状的精确定位形状；○画笔大小(B)单选按钮表示笔刷形状。

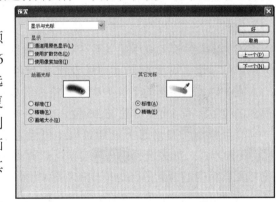

图 2-16 "预置"对话框

（4）单位和标尺设置 选择【编辑】/【预置】/【单位和标尺】命令，将打开单位和标尺的对话框，各主要选项的作用如下。

✓ "单位"栏：用于设置标尺和文字的单位。

✓ "列尺寸"栏：用于设置列尺寸的大小和单位。

✓ "新文档预设分辨率"栏：用于设置新建文档时"新建"对话框中的文档默认的分辨率大小。

（5）设置增效工具与暂存盘 图像处理时很耗内存，若图像文件过大，就会出现内存不足而使图像不能打开或某些操作不能进行的情况，这时用户可以通过设置暂存盘来解决上述问题。选择【编辑】/【预置】/【增效工具与暂存盘】命令，打开增效工具与暂存盘的对话框，在"暂存盘"栏中将系统中硬盘空间可用区域最大的硬盘分区作为第一暂存盘，但最好不要将系统盘作为暂存盘，然后可设置第二、第三和第四暂存盘。

2.1.5 Photoshop 的基本文件操作

2.1.5.1 新建图像

启动 Photoshop 后，如果想要建立一个新图像文件进行编辑，则需要先新建一个图像文件。其操作如下。

选择菜单栏中的 文件(F) → 新建(N)... 命令，或按【Ctrl+N】键，即可弹出 新建 对话框，如图 2-17 所示。

在 名称(N): 输入框中可输入新文件的名称。若不输入，Photoshop 默认的新建文件名为"未标题-1"，如连续新建多个，则文件按顺序默认为"未标题-2"、"未标题-3"，依此类推。

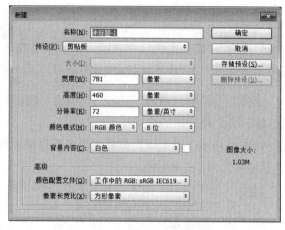

图 2-17 "新建"对话框

在 宽度(W): 与 高度(H): 输入框中输入数值，可设置图像的宽度与高度值。但在设置前需要确定文件尺寸的单位，即在其后面的下拉列表中选择需要的单位，有像素、英寸（1 英寸=2.54 厘米）、厘米、毫米、点、派卡与列。

在 分辨率(R): 输入框中输入数值，可设置图像的分辨率，也可在其后面的下拉列表中选择分辨率的单位，有像素/英寸与像素/厘米两种，通常使用的单位为像素/英寸。

在 颜色模式(M): 右侧的下拉列表中可选择图像的色彩模式，同时可在该列表框后面设置色彩模式的位数，有 1 位、8 位与 16 位。

在 背景内容(C): 右侧的下拉列表框中可设置新图像的背景层颜色，其中有 白色 、 背景色 与 透明 3 种方式。如果选择 背景色 选项，则背景层的颜色与工具箱中的背景色颜色框中的颜色相同。

设置好参数后，单击按钮，即可新建一个空白图像文件，如图 2-18 所示。

2.1.5.2 打开图像文件

在 Photoshop 中打开图像文件的操作步骤如下。

（1）选择 文件(F) → 打开(O)... 命令，弹出如图 2-19 所示的"打开"对话框。

（2）选择要打开的文件，该文件的名称就会出现在 文件名(N): 文本框中。

（3）在 文件类型(T): 下拉列表中选择打开文件的类型，默认情况下是"所有格式"。

（4）单击 打开(O) 按钮，即可打开该文件，如图 2-20 所示。

图 2-18 新建的空白图像文件

图2-19 "打开"对话框

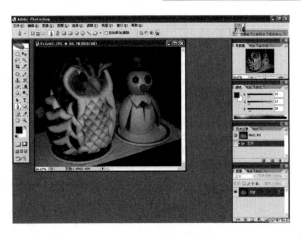

图2-20 打开文件

2.1.5.3　保存图像文件

在编辑完图像文件后，需要将文件保存，其操作步骤如下。

（1）选择 **文件(F)** → **存储(S)** 命令，弹出如图2-21所示的"存储为"对话框。

（2）在 **保存位置(I):** 下拉列表中选择该文件的保存位置。

（3）在 **文件名(N):** 下拉列表中输入该文件的名称"水果造型"。

（4）在 **格式(F):** 下拉列表中设置好该文件的存储格式，单击 **保存(S)** 按钮即可。

（5）此时打开相应的文件夹，可以看到刚才保存的文件，如图2-22。

提示： 在使用过程中，许多人常遇到闪退、崩溃的问题。出现这些问题的主要原因是目前大部分用户使用的都是机械硬盘，而从Photoshop CS6开始，就增加了后台储存的新功能，这一功能的好处是定时给你的psd文件进行保存，但这个功能在设计的时候并没考虑到目前大部分用户使用的都是7200转速的机械硬盘。平时做设计稿很有可能同时打开多个文件，如果同时进行储存，而刚好也在进行Ps操作，那么遇到闪退等情况的概率就非常大了。所以，可以在使用前先设置关闭后台储存功能，如图2-23。

图2-21 "存储为"对话框

图2-22 保存的文件

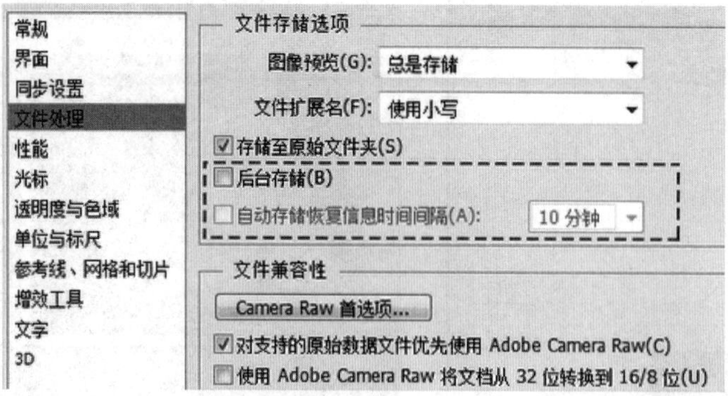

图 2-23 设置关闭后台储存功能

2.2 图像基本知识

要真正掌握和使用一个图像处理软件，不仅要掌握软件的操作，还要掌握图像和图形的知识，如图像类型、图像格式和颜色模式，以及一些色彩原理知识等。尤其是对于像 Photoshop 这样一个专业的图像处理软件，更应该牢牢掌握这些内容。只有如此，才能按要求发挥创意，创作出高品质、高水平的艺术作品。

2.2.1 分辨率

分辨率是指在单位长度内含有点（即像素）的多少。分辨率是描述图像细节或印刷品质量的重要参数，常用来表示扫描仪、显示设备及输出设备的精确度。分辨率的单位是像素/英寸（1 英寸=2.54 厘米，余同），即每英寸内像素点的个数。一定尺寸内的像素点越多，图像就会越清晰。分辨率的种类有很多，含义也各不相同。下面对几种常见的图像输入/输出分辨率及不同图像输入/输出设备分辨率进行介绍。

2.2.1.1 图像分辨率

图像分辨率指图像中存储的信息量，也就是每英寸图像所含的点数或像素数。分辨率的单位为 dpi，在 Photoshop 中也可以以厘米为单位计算其分辨率。这种分辨率有多种衡量方法，典型的是以每英寸的像素数（ppi）来衡量。

图像分辨率和图像尺寸同时决定文件的大小及输出质量，该值越大，图像文件所占用的磁盘空间也就越多。图像分辨率以比例关系影响着文件的大小，即文件大小与其图像分辨率的平方成正比。如果保持图像尺寸不变，将图像分辨率提高一倍，则其文件大小增大为原来的四倍。

图像的分辨率应根据最终发布的图像品质要求来设定，既要考虑图像的品质，又要考虑图像文件存储的方便。如果仅用于显示器输出，可设定为 72 像素/英寸；如果用于喷墨打印机输出，可设定为 100~150 像素/英寸；如果用于杂志或平面广告，可设定为 350~400 像素/英寸。

2.2.1.2 扫描分辨率

扫描分辨率指在扫描一幅图像之前所设定的分辨率，它将影响所生成的图像文件的质量和使用性能，并且决定图像将以何种方式显示或打印。如果扫描图像用于 640×480 像素的屏幕显示，则扫描分辨率不必大于一般显示器屏幕的设备分辨率，即不超过 120 dpi。但大多数情况下，扫描图像是为了在高分辨率的设备中输出，如果图像扫描分辨率过低，会导致输出的效果非常粗糙，反之，如果扫描分辨率过高，则数字图像中会产生超过打印所需要的信息，不但减慢了打印速度，而且在打印输出时会使图像色调的细微过度丢失。

2.2.1.3 位分辨率

图像的位分辨率又称位深，可用来衡量每个像素储存信息的位数。此分辨率决定了在图像的每个像素中可以存放多少种色彩等级，一般常见的有 8 位、16 位、24 位或 32 位色彩。如 8 位即是 2 的 8 次方，也就是 $2^8=256$。所以，一幅 8 位色彩深度的图像，所能表现的色彩等级为 256 级。

2.2.1.4 设备分辨率

设备分辨率又称输出分辨率，是指各类输出设备每英寸上可产生的点数。它与图像分辨率不同的是，图像分辨率可以更改，而设备分辨率不可以更改。如常见的显示器、喷墨打印机、激光打印机、绘图仪的分辨率等，其各自都有一个固定的分辨率。这种分辨率通过 dpi来衡量。目前，PC 显示器的设备分辨率为 60～120dpi，而打印设备的分辨率则为 360～1440dpi。

2.2.1.5 专业印刷的分辨率

专业印刷的分辨率是以每英寸的线数来确定，一般分为 100、150、175 和 200 线。决定分辨率的主要因素是每英寸内网点的数量。它与图像分辨率的概念不同。一般情况下，印前的图像分辨率应为印刷分辨率的 1.65～2 倍。

2.2.2 图像的类型

在计算机中，图像以数字方式来记录、处理和保存。所以，图像也可以说是数字化图像。图像大致可以分为以下两种类型：矢量式图像与位图式图像。这两种类型的图像各有特色，也各有优缺点，两者各自的优点恰好可以弥补对方的缺点。因此在绘图与图像处理的过程中，往往需要将这两种类型的图像交叉运用，以便取长补短，使用户的作品更完善。

2.2.2.1 位图图像

位图也称像素图，其特点是能够制作出色彩和色调变化层次丰富的图像，能逼真地表现出自然界的真实景象，同时也可以在不同软件之间交换文件。位图是由若干个细小颜色块组成的，这些颜色块称为像素，当位图放大到一定倍数后，图像的显示效果就会变得越来越不清晰，从而出现类似马赛克的效果，同时文件较大，对内存和硬盘空间容量的需求也较高。如图 2-24 所示为 100%显示的位图图像，如图 2-25 所示为使用放大镜工具放大到 400%后的花朵部分图像，放大后的图像边缘出现了锯齿。位图除了可由 Photoshop 软件生成外，一般由数码相机、扫描仪等设备输入的图像也是位图。

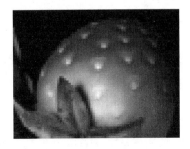

图 2-24 100%显示的位图　　　　　　　图 2-25 400%显示的位图

2.2.2.2 矢量图形

矢量图以数字方式描述曲线，其基本组成单位是锚点和路径。矢量图可以随意地放大或缩小，而不会使图像失真或遗漏图像的细节，也不会影响图像的清晰度，如图 2-26 和图 2-27 所示。但矢量图不能描绘丰富的色调或表现较多的图像细节，并且绘制出的图形不逼真。

矢量图形又称为向量图形，它是以线条定位物体形状，再通过着色为图像添加颜色。因此，它不能像位图那样表现出丰富的图像颜色，适合于以线条为主的图案和文字标志设计、工艺美术设计和计算机辅助设计等领域。对于矢量图，无论放大和缩小多少倍，图形都有一样平滑的边缘和清晰的视觉效果，即不会出现失真现象。如图 2-26 和图 2-27 所示分别为 100%和 200%显示状态下的矢量图像。另外，矢量图形文件要比位图图像文件小。

图 2-26　100%显示的矢量图　　　　　　图 2-27　200%显示的矢量图

2.2.3　色彩模式

在计算机中，色彩模式可以通过不同的组合方式来表达，下面介绍一些常用的色彩模式。

2.2.3.1　RGB 模式

RGB 也称为光谱三原色，由红色（R）、绿色（G）、蓝色（B）3 种色彩组成。该模式又被称为加色模式，可以通过红、绿、蓝三种色彩的混合，生成所需要的各种颜色。

RGB 色彩模式使用 RGB 模型，它为图像中的每一个 RGB 分量分配一个 0～255 范围内的强度值。例如，纯蓝色的 R、G 值为 0，B 值为 255；黑色的 R、G、B 值都为 0；白色的 R、G、B 值都为 255；中性灰色的 3 个值相等（除了 0 和 255）。

2.2.3.2　CMYK 模式

CMYK 模式也称为减色模式，这种模式是印刷中常用的色彩模式。它是由青（C）、洋红（M）、黄（Y）、黑（K）4 种色彩按照不同的比例合成的。在该模式中，每一种颜色都被分配一个百分比值，百分比值越低，颜色越浅，百分比值越高，颜色就越深。

在 CMYK 模式中，当 CMYK 百分比值都为 0 时，会产生纯白色，而给任何一种颜色添加黑色，图像的色彩都会变暗。

2.2.3.3　BMP 黑白位图模式

黑白位图模式只用黑、白两色来表示图像，这种色彩模式是最简单的。由于位图模式中只有黑白两种颜色，在进行图像模式的转换时，会损失大量的细节，因此它一般只用于文字的描述。

2.2.3.4　Lab 色彩模式

Lab 色彩模式是由 CIE 协会在 1976 年制定的衡量颜色的标准。Lab 颜色与机器设备无关，使用任何设备创建或输出图像都能保持颜色的一致。

Lab 色彩模式是由亮度分量 L 和两个颜色分量 a、b 组合而成的。L 表示色彩的亮度值，它的取值范围为 0～100；a 表示由绿到红的颜色变化范围，b 表示由蓝到黄的颜色变化范围，它们的取值范围为－120～120。

Lab 色彩模式能表示的色彩范围最广，几乎能表示所有 RGB 和 CMYK 模式的颜色。

2.2.3.5 灰度色彩模式

灰度色彩模式可以用 256 级的灰度来表示图像，与位图色彩模式相比，灰度色彩模式表现出来的图像层次效果更好。

在该模式中，图像中所有像素的亮度值变化范围都为 0～255。其灰度值也可以用图像中黑色油墨所占的百分比来表示（0 表示白色，100%表示黑色）。

2.2.3.6 索引色彩模式

索引色彩模式通常用于网页中图像或动画的色彩模式，该模式最多使用 256 种色彩来表示图像。

除了以上几种颜色模式外，还有通道模式、双色调模式等，因为一般接触得较少，就不一一介绍了。

2.2.4 图像格式

图像的格式即图像存储的方式，它决定了图像存储时所能保留的文件信息及文件特征，也直接影响文件的大小与使用范围。在使用时可以根据自己的需要选择不同的存储格式。下面介绍几种常用的图像格式。

2.2.4.1 TIFF 格式

TIFF 格式是由 Aldus 为 Macintosh 开发的一种文件格式。目前，它是 Macintosh 和 PC 机上使用最广泛的位图文件格式。在 Photoshop 中 TIFF 格式能够支持 24 位通道，它是除 Photoshop 自身格式（即 PSD 与 PDD）外唯一能够存储多于四个通道的图像格式。

2.2.4.2 BMP 格式

BMP 是 Windows 中的标准图像文件格式，已成为 PC 机 Windows 系统中事实上的工业标准，有压缩和不压缩两种形式。它以独立于设备的方法描述位图，可用非压缩格式存储图像数据，并且支持多种图像的存储。在 Photoshop 中，最多可以使用 16 位的色彩渲染 BMP 图像。

2.2.4.3 GIF 格式

GIF 是在各种平台的各种图形图像软件上均能够处理的一种经过压缩的图像文件格式。正因为它是一种压缩的文件格式，所以在网络上传输时，比传输其他格式的图像文件格式快得多。但此格式的图像文件最多只能支持 256 种色彩的文件，因此不能存储真彩色的图像文件。

2.2.4.4 JPEG 格式

JPGE 是 24 位的图像文件格式，也是一种高效率的压缩格式。通过损失极少的分辨率，可以将图像所需存储量减少至原大小的 10%。由于其高效的压缩效率和标准化要求，目前已广泛用于彩色传真、静止图像、电话会议、印刷及新闻图片的传送上。

2.2.4.5 PSD 格式和 PDD 格式

PSD 是 Photoshop 使用的一种标准图像文件格式，可以存储成 RGB 或 CMYK 模式，还能够自定义颜色数并加以存储。PSD 文件能够将不同的物件以层的方式来分离保存，便于修改和制作各种特殊效果。PDD 与 PSD 一样，都是 Photoshop 软件专用的一种图像文件格式，能够保存图像数据的每一个细小部分，包括层、附加的蒙版通道以及其他内容，而这些内容在转存成其他格式时将会丢失。因为 PDD 与 PSD 两种格式是 Photoshop 支持的自身格式，所以 Photoshop 可以用比其他格式更快的速度打开和存储它们。但用这两种格式存储的图像文件特别大，不过不会造成任何数据流失。在编辑的过程中，最好还是选择 PDD 与 PSD 格式保存。

2.2.4.6 PDF 格式

PDF 以 PostScript Level 2 语言为基础，因此可以覆盖矢量式图像和点阵式图像，并且支持超链接。它是由 Adobe Acrobat 软件生成的文件格式，该格式文件可以存储多页信息，其中包含图形和文件的查找和导航功能，因此是网络下载经常使用的文件格式。

上 机 实 训

制作生日贺卡

掌握 Photoshop 的基础知识，通过一个实例学会使用。本实例将普通的照片进行简单处理，实现特殊的效果。其具体步骤如下。

（1）启动 Photoshop，打开【文件】/【新建】命令，弹出如图 2-28 所示的"新建"对话框，在其中设置将要处理的图像文件的名称、大小等参数。本例中将图像命名为"生日贺卡"。如图 2-29 将参数设置好后单击"确定"按钮，即可出现一空白图片。

图 2-28 "新建"对话框　　　　　　　　　图 2-29 "生日贺卡"参数设置

（2）打开如图 2-30 所示的"背景"图片，选择工具箱中的移动工具，将其拖动到"生日贺卡"图像中。

（3）选择【编辑】|【自由变换】命令，在图像的四周将出现八个小方框，称为控制点。拖动这些控制点，即可自由缩放图像的大小。调整背景图片的大小后在图像区内双击，以确认变换操作。

（4）打开如图 2-31 所示的"边框"图片，选择工具箱中的移动工具，将其拖动到"生日贺卡"图像中。选择【编辑】|【自由变换】命令，调整图片的大小，将图层的不透明度设置为 60%。

图 2-30　背景　　　　　　　　　　　　　　图 2-31　边框

（5）打开如图 2-32 所示的"文字"图片，选择工具箱中的移动工具，将其拖动到"生日贺卡"图像中。选择【编辑】|【自由变换】命令，调整图片的大小，并将其放在合适的位置。

图 2-32　文字　　　　　　　　　　　　　　图 2-33　小熊

（6）打开如图 2-33 所示的"小熊"图片和图 2-34 所示的"蛋糕"图片，选择工具箱中的移动工具，分别将其拖动到"生日贺卡"图像中。选择【编辑】|【自由变换】命令，调整图片的大小，并将其放在合适的位置。

（7）最后单击【文件】|【保存】命令，得到如图 2-35 的"效果图"。

图 2-34　"蛋糕"图片　　　　　　　　　　图 2-35　效果图

本 章 小 结

本章主要对 Photoshop 中文版的界面组成和使用 Photoshop 的基本环境进行介绍，并介绍图像的一些基本概念和知识。通过本章的学习，读者对 Photoshop 有一个整体印象，为后面的学习奠定基础。

习　题

一、填空题

1．Photoshop 的工作界面包括_____、_____、_____、_____、_____、_____和_____七项内容。

2．Photoshop 工具箱中包括_____、_____、_____以及_____等几大类型。

3．单击_____下的_____命令，或者使用_____组合键，可以弹出【打开】对话框。

4．_____位于窗口最底部，主要用于显示图像处理的各种信息。

5．数字化图像按照记录方式可以分为_____图像与_____图像。

二、选择题

1．将鼠标移到菜单名上单击将会弹出_____。

A．对话框　　　　　B．选项栏　　　　　C．下拉菜单　　　　　D．快捷菜单

2．按下_____组合键，会弹出【新建】对话框。

A．Ctrl+N　　　　　B．Ctrl+O　　　　　C．Ctrl+P　　　　　D．Alt+N

3．Photoshop 的默认保存的标准格式是_____。

A．.gif　　　　　B．.jpg　　　　　C．.psd　　　　　D．.eps

4．_____格式是一种带压缩的文件格式。

A．.psd　　　　　B．.tiff　　　　　C．.bmp　　　　　D．.jpeg

5．_____颜色模式是一种加光模式。

A．HSB　　　　　B．CMYK　　　　　C．RGB　　　　　D．Lab

3

Photoshop 常用工具

本章导读

掌握 Photoshop 常用工具的基本操作方法；熟悉 Photoshop 常用工具的快捷键；会运用 Photoshop 常用工具制作各种效果的图像，为后面的学习打下良好的基础。

重点和难点

☑ 选择工具的使用。

☑ 绘图工具与填充工具的应用。

☑ 修饰工具的应用。

☑ 路径工具的应用。

☑ 文字工具的应用。

3.1 选择工具

3.1.1 创建选区

Photoshop 提供了许多选择工具，使用户能够快速准确地创建选区。其中包括选框工具、套索工具和魔棒工具。其中选框工具可以创建各种几何形状的选区；套索工具则提供了更加自由更加准确的快速选取功能；而魔棒工具则更能够敏感区分各区域的颜色差别，从而实现对某颜色区域的快速选取。

3.1.1.1 选框工具

在 Photoshop 中，使用规则选框工具进行区域选取是最基本最常用的方法。选框工具包括四种：矩形选框工具，椭圆选框工具，单行选框工具，单列选框工具。如图 3-1 所示。默认情况下的选框工具是矩形选框工具。

图 3-1　选框工具

要选取其他形状的选框工具，在选框工具按钮上单击并按住不放，在弹出的菜单上选择自己需要的选框工具，并确保在工具栏上选中新建选取范围，然后移动鼠标指针至图像窗口中拖动即可。以下分别介绍各种形状的选框工具的使用方法。

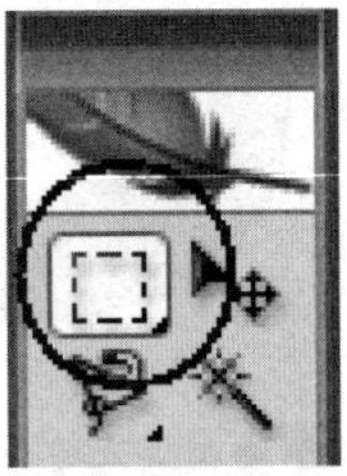

（1）矩形选框工具　默认情况下的选框工具是矩形选框工具，利用该工具制定选取范围的具体操作步骤如下。

✓ 在工具箱中选取"矩形选框工具"如图 3-2 所示。

图 3-2　矩形选框

✓ 鼠标指针变成十字形状，如图 3-3 所示。

✓ 按住鼠标拖动，即可绘制出矩形选取，如图 3-4 所示。

✓ 如果在绘制的同时按下【Shift】键，则可绘制出正方形选区。如图 3-5 所示；在绘制的同时按下【Alt】键，则绘制以起点为中心的矩形。

图 3-3　鼠标指针变成十字形状　图 3-4　绘制出矩形选区

在矩形选框工具的选项栏可以对选框样式进行设置，如图 3-6 所示。

【正常】默认的选择方式，可以通过拖动自由定义选区的大小和比例。

【固定长宽度比】选择该选项，

图 3-5　正方形选区　图 3-6　矩形选框工具选项栏

可以在后面的宽度和高度文本框中输入相应的数值，设置选区的宽度和高度的比例，系统默认值为 1：1。

【固定大小】选择该选项，可以直接在宽度和高度文本框中输入数值，来精确设置矩形或圆的大小，设置好后在页面单击即可得到相应的选区。

（2）椭圆选框工具　选择椭圆形和圆形范围的区域，如果在绘制的同时按下【Shift】键，则可绘制出正圆形；在绘制的同时按下【Alt】键，则绘制以起点为中心的椭圆形。操作与矩形相同。如图 3-7 所示。

（3）单行选框工具　选取图像中的一行。在图像中单击鼠标，并拖动到需要的位置，放开鼠标即可。如图 3-8 所示。

（4）单列选框工具　选取图像中的一列。操作同单列选框工具。如图 3-9 所示。

图 3-7　椭圆选框工具

图 3-8　单行选取范围

图 3-9　单列选取范围

3.1.1.2　套索工具

也是一种常用的选择工具，主要用于选择不规则的区域，它包括套索工具、多边形套索工具和磁性套索工具三种。按住套索工具图标，出现如图 3-10 所示的菜单，根据需要选择不同的套索工具。

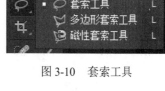

图 3-10　套索工具

（1）**套索工具**　可以创建不规则区域。在图像中按住鼠标左键并拖动。可以创建手绘的区域边框，这个区域可以是任意形状的。如图 3-11 所示。

💡 **提示**

1. 若要绘制直边区域边框，先按住【Alt】键，并单击线段的起点和终点即可，并且用户可以随时在绘制手绘线段和直线线段之间按【Alt】键进行切换。

图 3-11　套索工具选取

2. 若要抹除刚绘制的线段，按住【Delete】键直到抹除了所需线段之外的部分；按住【Delete】键不放，则使曲线逐渐变直。

（2）**多边形套索工具**　可以创建不规则的多边形区域。创建时不必像使用套索工具那样按住鼠标不放，只需选择多边形的顶点单击就可以了。要结束选取封闭区域时，将鼠标移到起点，此时光标上会出现一个小圆圈，单击鼠标整个区域就被选中了。如图 3-12 所示。

💡 **提示**

1. 如果首尾没有相连，直接双击鼠标，程序会自动连接起点

图 3-12　多边形套索工具选取

和终点，成为一个封闭的区域。

2. 在选取时按下【Shift】键，则可按水平、垂直或 45 度角的方向选取线段；在使用中，按下【Alt】键可以与磁性套索工具切换。

3. 选择范围时，按一下【Delete】键可以删除最近创建的线段。

图3-13　磁性套索工具选取

（3）**磁性套索工具**　可以跟踪图像中物体的边缘创建选区，如图3-13所示。与其他套索工具相比，磁性套索工具有一个最大的优点是用它描绘物体边缘时，套索线会自动地吸引靠近物体的边缘，这一功能为描绘不规则物体的边缘提供了很好的帮助。

在磁性套索工具的选项栏上可以对三个数据进行设置，如图3-14所示。

羽化：0 px　☑消除锯齿　宽度：1 px　边对比度：10%　频率：80

图3-14　磁性套索工具选项栏

【宽度】指磁性套索检测边缘的宽度。工具只检测从光标开始指定距离以内的边缘。

【边对比度】指套索工具对图像中边缘的灵敏度。输入值为1%～100%之间的值。较高的值只探测与周围有强烈对比的边缘，较低的值探测低对比度的边缘，如图3-15所示：花瓣重合处的对比度很低，如果设置很高的对比度就很难准确地选择到花瓣。

【频率】指磁性套索以什么间隔设置节点，如图3-16所示。在选取过程中，路径上产生了很多节点，这些节点起到定位的作用，文本框输入值为1～100，越大则产生的节点越多。

图3-15　边对比效果

（a）频率为40　　　　（b）频率为80

图3-16　不同频率选取范围效果

💡 **提示**　在选区时按下【Esc】键可以取消选区。

3.1.1.3　魔棒工具

魔棒工具用于选择颜色相同或相近的区域，无须跟踪边界。如图3-17所示。

图3-17　魔棒工具

图3-18　魔棒工具选取范围

选择魔棒工具后，只需要鼠标单击图中的一点，Photoshop将会根据单击处的颜色，选取相同和相近颜色的区域。选取的效果如图3-18所示。

用户还可以通过更改选项栏中相应选项的值来改变魔棒工具的相似颜色范围。魔棒工具选项栏如图3-19所示。

容差：32　☑消除锯齿　☑连续　□对所有图层取样

图3-19　魔棒工具选项栏

【**容差**】在此文本框中可输入 0～255 的值来确定选取范围的容差，默认值为 32。输入的值越小，则选取的颜色范围越相近，选取的范围也就越小。

【**对所有图层取样**】该项用于有多个图层的图像。未选中它时，魔棒只对当前图层起作用，选中时即可选取所有层中颜色相近的区域。

【**连续**】选中该选项时，表示只选择与鼠标单击相邻的区域中相同像素。如未选中，则可以选择整个图像中颜色相近的区域，默认状态下该选项总是被选中的。如图 3-20 所示。

（a）未取消【连续】　　　　　　（b）取消【连续】

图 3-20　【连续】操作

💡 **提示**　利用魔棒工具创建选区，对于色彩和色调不是非常丰富或者仅包含几种单一颜色的图像，是非常便捷的。如图 3-21 所示，先利用魔棒工具选取背景范围，再单击选择|反向，就可以选定物体。

图 3-21　反向选取范围

3.1.1.4　选择特定的颜色范围

虽然魔棒工具在选取相同颜色的区域时显得很方便，但是它有时候不容易被随心所欲地控制，对选取的范围不满意时，只好重新选择一次。此时可以使用 Photoshop 提供的另一种选择方法，即通过特定的颜色范围选取。这种方法可以一边预览一边调整，而且可以随心所欲地控制选取的范围。单击【选择】|【色彩范围】命令可以打开"色彩范围"对话框并进行色彩选取，如图 3-22 所示。

下面详细介绍"色彩范围"对话框。

（1）图像预览框　用于观察图像选区的形成情况。包括两个选项。

✓ **选择范围**　如图 3-23 所示，选择这个选项时，

图 3-22　"色彩范围"对话框

图像预览框中显示的是选取的范围。其中白色为选中区域，黑色为未选中区域。如果用户未选取，则图像预览框中为全黑色。

✓ **图像**　如图 3-24 所示，选择这个选项时，图像预览框中显示的是原始图像，用于观察和选择。

图 3-23　"选择范围"选项　　　　　　　　　　图 3-24　"图像"选项

（2）"选择"　在菜单中用户可以选择一种设定颜色范围的方式，如图 3-25 所示。

✓ **取样颜色**　选择此项可以用吸管吸取颜色。将鼠标指针移到图像窗口或者预览框的时候，鼠标指针会变成吸管形状。单击即可选中需要的颜色，同时配合指针下方的【颜色容差】滑杆操作，调整颜色选取范围，数值越大则包含的近似色越多，选取范围就越大。

选择"红色""黄色""绿色""青色""蓝色"和"洋红"选项可以选取图像中这六种颜色，此时"颜色容差"选项不起作用。

选择"高光""中间调"和"阴影"选项可以选取图像中不同亮度的区域。

溢色选择此选项可以将一些无法印刷的颜色选出来。但只用于 RGB 模式下。

（3）"选取预览"　该选项用来控制图像窗口对所创建的选区进行观察，它提供了五种方式，如图 3-26 所示。

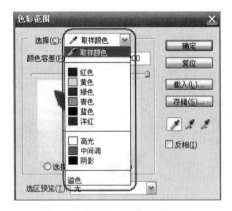

图 3-25　"选择"菜单　　　　　　　　　　图 3-26　"选取预览"菜单

✓ **无**　表示不在图像窗口中显示选区预览。

✓ **灰度**　表示在图像窗口中以灰色调显示未被选取的区域。

✓ **黑色杂边**　表示在图像窗口中以黑色显示未被选取的区域。

✓ **白色杂边** 表示在图像窗口中以白色显示未被选取的区域。

✓ **快速蒙版** 表示在图像窗口中以默认的蒙版颜色显示未被选取的区域。

（4）"颜色容差" 如图 3-27 所示，移动滑块或在文本框中输入一个数值即可调整色彩范围。设置越小，选取的色彩范围就越少，反之越多。数值的设置范围为 0～200。

（5）"载入"和"存储" 如图 3-28 所示。可以载入和存储色彩范围设置，保存的文件名后缀为.AXT。

（6）"滴管" 如图 3-28 所示。利用"色彩范围"对话框中的三个吸管按钮，增加或者减少选取的颜色范围。当要增加时，选择带有"+"号的吸管，反之，则选择带有"–"号的吸管，然后将鼠标指针移至预览框或者图像窗口中单击即可。

图 3-27 "颜色容差"选项   图 3-28 "载入""存储"和"滴管"选项

3.1.1.5 选择菜单

有时用户需要选取整个图像，可以使用【选择】菜单中的【全选】命令方便地选取。Photoshop 的【选择】菜单还为用户提供了取消选取、重新选取和反相选取等命令。这些都大大提高了创建选取的效率。下面详细说明如何使用这些功能。单击菜单栏的【选择】，弹出如图 3-29 所示的菜单。

（1）要选择图像的全部的像素 单击【选择】|【全选】或按快捷键【Ctrl+A】。

（2）要取消选择或选区 单击【选择】|【取消选择】或者按快捷键【Ctrl+D】。若使用的是选框工具或套索工具，则单击图像内选区以外的任何地方即可取消选区。

（3）要重新选择刚创建过的选区 单击【选择】|【重新选择】或者按快捷键【Shift+Ctrl+D】。

（4）要反相选取 单击【选择】|【反选】或者按快捷键【Shift+Ctrl+I】。

图 3-29 "选择"菜单

💡 **提示** 有效利用魔术棒工具能景观设计平面图中许多操作难题：如景观道路填充过程中，可先使用魔术棒工具规划好道路选区范围，具体颜色选择可以使用具有色彩倾向的浅灰颜色；铺装图案填充时，也可利用魔术棒工具加以完成。如需大面积针对相同图案实行快速填充，可以打开图案素材，执行编辑-自定义图案，从而让需要大面积使用图案成为自定义图案，再运用套索工具类的魔术棒工具选择需要填充图案位置即可。如需填充整个画面，可直接按快捷键【shift+F5】，选择图案，再找到定义图案，点击确定，也可以双击图层缩略图，在出现的对话框中选择图案叠加，找到图案即可，但使用该方法填充时要求该图层必须有像素点才可操作。

3.1.2　调整选区

在创建选区后，用户可能对选区的大小、位置等不满意，这时就需要对选区进行调整，如增加、减少、旋转、移动等。

3.1.2.1　移动和隐藏选区

鼠标移动选区范围，把鼠标指针移到选区的范围内，当鼠标指针变为 ▶ 时按住鼠标左键拖动即可。虽然使用鼠标移动选区方便，但移动的准确性不够，这时可以用键盘的上、下、左、右四个方向键，非常准确地移动选区范围，每按一次方向键可以移动 1 个像素的距离。先按住【Shift】键，再使用方向键，可以每次增减 10 个像素的距离。

💡 **提示**

1. 再拖动时按住【Shift】键，可以将选区移动方向限制为 45 度的倍数。
2. 在进行操作时，有时可能不希望看到选区，但又不想取消选区，此时暂时将选区边框隐藏。单击【视图】|【显示】|【选区边缘】即可显示选区边框，取消选区即可隐藏选区边框。

3.1.2.2　增减选区范围

如果选区比较复杂，用户很难一次完成选区的创建，Photoshop 允许用户在已经创建好的部分选区上进行增减，使用户可以更加方便地选取复杂图形。如图 3-30 所示，选区范围设置选项：建立选区范围的四种方式，包括新选区、添加到选区、从选区减去和与选区交叉。▣▣▣▣ 从左到右分别是【新选区】【添加到选区】【从选区减去】【与选区交叉】。

图 3-30　选区范围选项栏

"**新选区**"　矩形选框工具的默认模式，可以用鼠标选取新的选区范围。

"**添加到选区**"　在原有选区的基础上增加新的选区，可以得到两个选区的并集；按住【Shift】键进行选取也可以增加选区。

"**从选区减去**"　在原有选区的基础上减去新选区，可以得到两个选区的差集；按住【Alt】键进行选取也可以达到减少选区的目的。

"**与选区交叉**"　选取原选区与新增加的选区重叠的部分。按住【Alt+Shift】键进行选取也可以得到同样的效果。

3.1.2.3　精确调整选区

（1）按指定数量的像素扩展或收缩选区，步骤如下。

✓ 使用选区工具选择一个范围。

✓ 单击【选择】|【修改】|【扩展】，打开"扩展选区"对话框，如图 3-31 所示。

✓ 在文本框中输入一个 1～100 之间的像素值，然后单击"确定"。选区边框就会按指定数量的像素扩大，如图 3-32 所示。

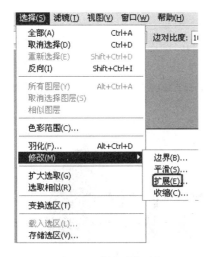

图 3-31　【扩展选区】　　　　　　　图 3-32　扩展选区范围

要收缩选区，其操作与扩展选区非常类似，只需单击【选择】|【修改】|【扩展】，打开【扩展选区】对话框，在文本框中输入一个 1～100 之间的像素值，然后单击"确定"即可。

（2）扩展选区以包含具有相似颜色的区域　进行扩展选区操作时，还可以用【选择】菜单中的【扩大选取】和【选取相似】命令来实现。与【扩展】命令不同的是，这两个命令所扩展的选区是与原选区颜色相近的区域。单击【选择】菜单按钮，即可看到这两个命令。如图 3-33 所示。

【扩大选区】命令扩展选区到与原选区相邻且颜色相近的区域。

【选取相似】命令扩展选区到整个画面内与原选区颜色相近的区域。

这两个命令都没有对话框设置扩展值，而是用魔棒工具选项栏中的"容差值"来确定颜色的近似程度。

图 3-33　"扩大选取"菜单

（3）清除基于颜色的选区内外留下的零散像素　使用基于颜色的选取工具创建选区时，在选区内部会有一些像素不包含在选区内，而在边缘又会有一些零散的像素被选取。靠手动去除这些像素即困难又麻烦，使用 Photoshop 的【平滑】命令就可以很方便的完成这些工作。

✓ 单击【选择】|【修改】|【平滑】命令，如图 3-34 所示。

✓ 在【取样半径】文本框中输入 1～100 之间的像素值，然后单击"确定"按钮。

3.1.2.4　变换选区

在 Photoshop 中不仅可以对选区进行增减和平滑处理，还可以对选区进行翻转、旋转和自由变形的操作。

（1）选取一个区域，单击【选择】|【变换选区】。

（2）选区进入默认的"自由变换"状态，可以看到出现的一个方形区域上有 8 个小方格，用户可以任意地改变选区的大小、位置和角度。

图 3-34　【平滑】命令

【移动选区】鼠标指针移到选区中拖动即可，如图 3-35 所示。

【自由改变选区大小】将鼠标指针移到选区的控制柄上，当鼠标指针变成箭头的形状后拖动即可，如图 3-36 所示。

【自由旋转选区】将鼠标指针移动到选区外侧，当鼠标指针变成弧形时，顺时针或者逆时针拖动鼠标即可，如图 3-37 所示。

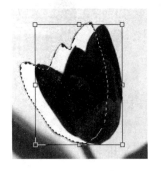 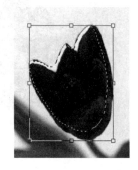 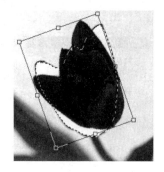

图 3-35　平移选区　　　　　图 3-36　缩放选区　　　　　图 3-37　自由旋转选区

（3）也可以单击【编辑】|【变换】，从中选择相应的命令对选区进行变化，如图 3-38 所示。

【缩放】用于对选区按比例地进行大小变换。选择此命令后其他的变换则变得不可用，如旋转等。

【旋转】用于对选择区域进行旋转变换，选择此命令后只有旋转和移动的变换可用，其他则不可用。

【斜切】用于对选区进行斜切变换，此时只需要鼠标拖动四个角点就可以实现斜切变化，如图 3-39 所示。

【扭曲】扭曲的效果其实可以用多个斜切来完成，斜切时角点只能沿着一个方向，即水平或垂直移动，而扭曲时角点则可以沿任意的方向移动，选区仅仅只保持是四边形而已，如图 3-40。

再次(A)	Shift+Ctrl+T
缩放(S)	
旋转(R)	
斜切(K)	
扭曲(D)	
透视(P)	
变形(W)	
旋转 180 度(1)	
旋转 90 度(顺时针)(9)	
旋转 90 度(逆时针)(0)	
水平翻转(H)	
垂直翻转(V)	

 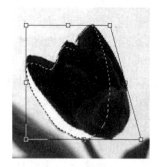

图 3-38　【变化】菜单　　　　　图 3-39　斜切效果　　　　　图 3-40　扭曲效果

【透视】透视命令的使用和一般图像绘制中对透视效果的使用是一样的。如果要制作一种远处观察的效果，或要制作阴影效果时，可以使用透视命令。如图 3-41 所示。

【旋转 180 度】将当前选区旋转 180 度，如图 3-42 所示。

【旋转 90 度（顺时针）】将当前选区顺时针旋转 90 度，如图 3-43 所示。

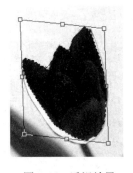
图 3-41　透视效果

图 3-42　旋转 180 度效果

图 3-43　顺时针旋转 90 度效果

【旋转 90 度（逆时针）】将当前选区逆时针旋转 90 度，如图 3-44 所示。

【水平翻转】将当前选区水平翻转，如图 3-45 所示。

【垂直翻转】将当前选区垂直翻转，如图 3-46 所示。

图 3-44　逆时针旋转 90 度效果

图 3-45　水平翻转效果

图 3-46　垂直翻转效果

3.1.3　柔化选区边缘

使用选框、索套等工具时，在它们的工具栏上有一个共同的区域，其中【羽化】和【消除锯齿】可用于处理选区的边界，如图 3-47 所示。

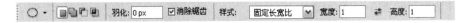

图 3-47　选框、套索工具选项栏

3.1.3.1　消除锯齿

Photoshop 中的图像都是像素组成的，而像素本身是一个个正方形色块，因此在图像中有弧线或斜线的部分边缘就容易产生锯齿，分辨率越低锯齿越明显。而选中消除锯齿复选框后，photoshop 会在锯齿之间填入介于边缘与背景的中间色调的色彩，使边缘看起来较为平滑。勾选【消除锯齿】复选框，可以消除选区范围的锯齿现象，使选区边缘较为平滑。

3.1.3.2　羽化

在该文本框中输入数值，可以柔化选区边缘，使之产生一个渐变晕开效果。其取值范围为 0～250px。

💡 **提示**　羽化功能和消除锯齿功能都只能在绘图选区之前进行设置，否则均不能实现。消除锯齿只能在椭圆工具属性栏中可用，在其他三种规则选取工具中都不可用。

3.1.3.3 调整边缘

如果已经选好一个区域，想重新设定羽化边缘，只需单击【选择】|【调整边缘】，打开如图 3-48 的对话框，修改相关参数，单击"确定"即可。

3.1.4 保存、载入和删除选区

Photoshop 中文版提供了存储选区的功能。存储后的选区将成为一个蒙版保存在通道中，需要时再从通道中载入。

3.1.4.1 存储的设置

存储选区的操作步骤如下。

✓ 建立一个选区，如图 3-49 所示。

✓ 选择【选择】|【存储选区】命令，弹出存储选区对话框，如图 3-50 所示。

在其中设置以下参数。

【文档】设置存储选区的文件，默认为当前文件。也可选择"新建"选项新建一个文档。

【通道】用于设置通道名称。

【名称】用于设置新通道的名称，该选项在"通道"下拉列表中选择"新建"选项后才有效。

【操作】设置保存的选区和原有选区之间的组合关系。

✓ 设置后，单击"确定"按钮即可完成存储。

3.1.4.2 载入的设置

载入选区的步骤如下。

✓ 选择【选择】|【载入选区】命令，打开载入选区对话框，如图 3-51 所示。

图 3-48 【调整边缘】命令

图 3-49 新建一个选区

图 3-50 存储选区对话框

图 3-51 载入选区对话框

在"载入选区"对话框中可以设置如下参数。

【文档】用于选择图像文件名，即来自于哪一个图像。

【通道】选择通道名称，即载入哪一个通道中的选区。

【反相】可将选区反选。

【新建选区】用新载入的选区代替原有的选区。

【添加到选区】用新载入的选区与原有的选区相加。

【从选区中减去】用新载入的选区与原有的选区相减。

【与选区交叉】用新载入的选区与原有的选区交叉。

✓ 单击"确定"按钮即可完成选区载入。

3.2 绘图工具与填充工具的应用

3.2.1 设置绘制颜色

Photoshop 使用前景色绘画、填充和描边选区，使用背景色进行渐变填充和填充图像中被擦除的区域。

3.2.1.1 前景色和背景色

如图 3-52 所示为工具箱中的前景色和背景色显示框。前景色显示在工具箱中上面的颜色选择框中，背景色显示在下面的选择框中。默认的前景色为黑色，背景色为白色。如果查看的是 Alpha 通道，则默认的前景色为白色，背景色为黑色。

图 3-52　前景色、背景色的设置

A—设置前景色；B—默认前景色和背景色；C—切换前景色和背景色；D—设置背景色

如果要更改前景色或背景色，在工具箱中单击"设置前景色"或"设置背景色"按钮，弹出"拾色器"对话框，如图 3-53 所示。

通过在色谱中选取颜色，或用不同颜色模式的数值定义颜色，可以设置前景色或背景色。在"拾色器"对话框中沿滑杆拖动白色三角形，或者在颜色滑杆中单击或在颜色区域中单击，即可以指定颜色。使用颜色区域和颜色滑块调整颜色时，数字会相应于新的颜色而发生变化。在颜色滑块右边的颜色矩形框中，上半部分显示新颜色，下半部分显示原颜色。

3.2.1.2 颜色调板

选择【窗口】|【颜色】命令，可以打开【颜色】调板，如图 3-54 所示。

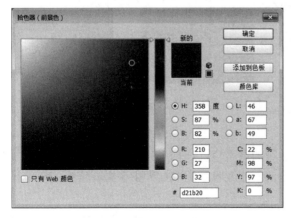

图 3-53　"拾色器"对话框

图 3-54　颜色调板

在其左上角也有前景色和背景色图标，用户也可以利用它设置前景色和背景色。使用颜色调板中的滑块，可以通过几种不用的颜色模式来编辑前景色和背景色，也可以从颜色栏显示的色谱中选取前景色和背景色。单击"颜色"调板右上角的三角形标志，从弹出的调板菜单中可以选择不同的颜色模式。将鼠标指针放在颜色条上，鼠标指针会变为吸管形状，滑杆右侧数字框内的数值为当前的颜色值。右击颜色条，在弹出的快捷菜单中有4种颜色条显示模式：RGB色谱，CMYK色谱，灰度曲线图，当前颜色。其中当前颜色模式显示从当前前景色到当前背景色的过渡颜色。

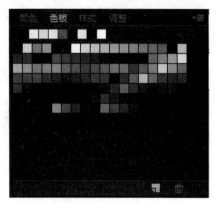

图 3-55 "色板"调板

3.2.1.3 色板调板

选择【窗口】|【色板】命令，可以打开"色板"调板，如图 3-55 所示。

使用该调板不仅可以选取前景色和背景色，而且可以创建自定义颜色集。创建的自定义颜色集可以保存后使用。单击"色板"调板右侧的三角形按钮，弹出如图 3-56 所示的调板菜单。其中各选项的含义如下。

"**新建色板**" 建立新的色板。

"**复位色板**" 将修改后的"色板"调板复原。

"**载入色板**" 可以将文件中存储的色板追加到当前色板集中。

"**存储色板**" 将当前色板存储到文件中。

"**替换色板**" 用存储在文件中的色板替换当前色板。

其余的命令可以载入已经存在的色板作为当前色板。单击【色板】调板中的一种颜色即可将其选取为前景色。

图 3-56 调板菜单

3.2.1.4 吸管工具

使用吸管工具不仅能从图像中取样颜色，也可以指定新的前景色或背景色。在工具箱中选取吸管工具，然后在想要的颜色上单击即可将该颜色设置为新的前景色。如果在单击颜色时，同时按住【Alt】键，则可以将选中的颜色设置为背景色。吸管工具如图 3-57 所示。

拖动吸管工具在图像中选色时，前景色选择框会动态变化，按住【Alt】键拖动吸管工具可使背景颜色选择框动态变化。使用吸管工具时，在选项栏中出吸管的"取样大小"下拉列表框，如图 3-58 所示。

图 3-57 吸管工具　图 3-58 取样大小下拉列表

选择"取样点"选项，可以读取所选区域的像素值，选择"3×3平均"或"5×5平均"选项，可以读取所选区域内制定像素的平均值。修改吸管的取样大小会影响信息调板中显示的颜色读数。

在吸管工具下方是颜色取样工具，可以取到图像中任一点的颜色并以数字形式在"信息"调板中表示出来。

3.2.2 画笔工具

3.2.2.1 画笔工具

画笔工具选项栏如图 3-59 所示，其工具选项栏包括【画笔】【模式】【不透明度】【流量】。

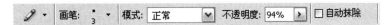

图 3-59 画笔工具选项栏

"画笔" 用来确定画笔的形状。单击【画笔】右侧的按钮会出现画笔面板，用来选择所需的画笔。还可以单击菜单【窗口】|【画笔】，在弹出的"画笔"面板设置画笔的参数。

"模式" 在下拉列表中可选择绘图的色彩混合模式。

"不透明度" 设置画笔工具的不透明度。可以直接输入 1~100 的整数或者单击右侧箭头在弹出的滑块中设置。

"流量" 设置画笔工具应用的绘图速率或者流动性。

3.2.2.2 自定义画笔

虽然 Photosho 提供了很多类型和大小的画笔，但在实际应用中并不能满足需要。所以，为了满足绘图的需要，用户可以建立新画笔进行图形绘制。操作步骤如下。

✓ 打开一幅图像，如图 3-60 所示。

图 3-60 打开一幅图像　　　　　　图 3-61 魔棒工具选区范围

✓ 使用工具箱中的磁性套索工具创建如图 3-61 所示的选区。

✓ 选择【编辑】/【定义画笔】菜单命令，打开如图 3-62 所示的对话框，在文本框中输入画笔的名称。

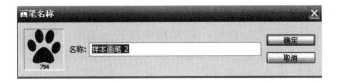

图 3-62 "定义画笔"对话框

✓ 单击"确定"完成画笔的创建，在"画笔"控制面板中就可以看到所创建的画笔样式如图 3-63 所示。

3.2.2.3 创建和管理预设画笔

在自定义画笔后，可以将它存储为预设画笔。预设画笔显示在"画笔"调板、选项栏中的"画笔"弹出式调板和"预设管理器"中。可以创建预设画笔库、重命名预设画笔以及删除预设画笔。

💡 **提示** 新的预设画笔存储在预置文件中，因此它们在编辑会话之间保持。如果此文件被删除或损坏，或者将画笔复位到默认库，则新的预设将丢失。要永久存储新的预设画笔，请将它们存储在库中。

（1）创建新的预设画笔

① 自定义画笔。

② 在"画笔"调板或"画笔"弹出式调板中执行下列操作之一。

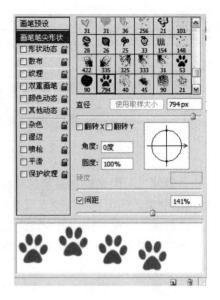

图3-63　画笔样式

- ✓ 从调板菜单中选取"新画笔预设"，输入预设画笔的名称，然后点按"确定"，如图3-64。
- ✓ 点击"创建新画笔"按钮。

（2）重命名预设画笔，执行下列操作之一。

- ✓ 在"画笔"弹出式调板或"画笔"调板中选择画笔，并从调板菜单中选取"重命名画笔"。为画笔输入新名称并点按"确定"按钮。
- ✓ 如果"画笔"调板设置为以缩览图形式显示画笔，则点按两次画笔，输入新名称，然后点按"确定"按钮。
- ✓ 如果"画笔"调板设置为以列表或纯文本形式显示画笔，则点按两次画笔，在原地输入新名称，然后按【Enter】键（Windows）或【Return】键（Mac OS）。

（3）删除预设画笔，执行下列操作之一。

- ✓ 在"画笔"弹出式调板或"画笔"调板中选择画笔，然后从调板菜单选取"删除画笔"。
- ✓ 在"画笔"弹出式调板或"画笔"调板中，按住【Alt】键（Windows）或【Option】键（Mac OS）并点按要删除的画笔。
- ✓ 在"画笔"调板中选择画笔，然后点按"回收站"按钮，或者将画笔拖移到"回收站"按钮。

（4）将一组预设画笔存储为库

① 从"画笔"弹出式调板菜单或"画笔"调板菜单中选取"存储画笔"。

② 选取画笔库的位置，输入文件名，然后点按"存储"按钮。

可以将库存储在任何位置。但是，如果将库文件放置在 Photoshop 程序文件夹内的 Presets/Brushes 文件夹中，则重新启动 Photoshop 后，库名称将出现在"画笔"弹出式调板菜单和"画笔"调板菜单的底部。

3.2.3　历史记录画笔工具组

历史记录画笔工具箱如图3-64所示，历史记录画笔工具和历史记录艺术画笔工具都属于恢复工具，它们都需要配合【历史记录】控制面板使用。但是和【历史记录】面板相比，【历史记录画笔】的使用更加方便，而且具有画笔的性质。

图3-64　历史记录画笔工具箱

3.2.3.1 历史记录画笔工具

"历史记录画笔工具"的选项栏如图 3-65 所示，包括"画笔""模式""不透明度""流量"，其用途和使用方法同前面介绍的画笔工具。

图 3-65 "历史记录画笔工具"选项栏

举例说明历史记录画笔的使用方法。

（1）打开一幅图像，如图 3-66 所示。

（2）执行【滤镜】|【模糊】|【高斯模糊】，如图 3-67 所示。

（3）执行【图像】|【调整】|【亮度/对比度】，如图 3-68 所示。

（4）单击【打开】这层历史记录左侧的小方块，此时方块内出现一个历史画笔的图标，如图 3-69 所示。

图 3-66 打开图像

图 3-67 高斯模糊后的效果

图 3-68 调整亮度、对比度后的效果

图 3-69 历史记录面板

（5）选择历史记录画笔，确定画笔属性，按下鼠标在图像窗口来回拖动，此时看到图像恢复为【打开】时显示的画面，如图 3-70 所示。

3.2.3.2 历史记录艺术画笔

历史记录艺术画笔工具使用户可以使用指定历史记录状态或快照中的源数据，以风格化笔触进行绘画。通过尝试使用不同的绘画样式、范围和保真度选项，可以用不同的色彩和艺术风格模拟绘画的纹理。

图 3-70 恢复图像中的花

与历史记录画笔一样，历史记录艺术画笔也是用指定的历史记录状态或快照作为源数据。但是，历史记录画笔通过重新创建指定的源数据来绘画，而历史记录艺术画笔在使用这些数据时。还加入了不同的色彩和艺术风格设置的效果。

历史记录艺术画笔的使用方法与历史记录画笔相同。历史记录艺术画笔的消息框如图 3-71 所示，包括"画笔""模式""不透明度""样式""区域""容差"。

图 3-71 "历史记录艺术画笔"选项栏

"画笔""模式"和"不透明度"前面已经介绍，功能和用法与前面相同，不再赘述。

"样式" 使用历史记录艺术画笔时的绘画风格。包括绷紧短、绷紧中、绷紧长、松散中等、松散长、轻涂、绷紧卷曲、绷紧卷曲长、松散卷曲、松散卷曲长。

"区域" 历史记录艺术画笔的感应范围。可以直接在【区域】文本框输入数值，单位为像素。

"容差" 恢复的图像和原来图像的相似程度，范围为 0～100%。数值越大表示复原图像和原来图像越接近。

3.2.4 擦除工具

工具箱中的橡皮擦工具 和魔术橡皮擦工具 如图 3-72 所示，可用于将图像区域设置为透明色或背景色。背景色橡皮擦工具可将图层设置成透明。

3.2.4.1 橡皮擦工具

橡皮擦工具 使用方法很简单：选中橡皮，然后按住鼠标左键在图像上拖动即可。如果正在背景中或在透明被锁定的图层中工作，像素将更改为背景色否则像素更改为透明。还可以使用橡皮擦使受影响的区域返回到历史记录面板中选中的状态，与历史画笔的功能相同。

图 3-72 橡皮擦工具箱

橡皮擦工具的选项栏如图 3-73 所示，其中包括"画笔""模式""不透明度""流量"和复选框"抹到历史记录"。

图 3-73 "橡皮擦工具"选项栏

"画笔""不透明度"和"流量" 在"画笔"中选择橡皮的形状和大小，"不透明度"和"流量"在前面已经介绍过。

"模式" 选择橡皮的擦除方式，包括画笔、铅笔和块三种方式。

"抹到历史记录" 选中后，橡皮就具有了历史画笔的功能，其使用方法也与历史画笔相同。

3.2.4.2 背景橡皮擦工具

背景橡皮擦工具 可用于在拖移时将图层上的像素抹成透明，从而可以在抹除背景的同时在前景色中保留对象的边缘。通过指定不同的取样和容差选项，可以控制透明度的范围和边界的锐化程度。背景橡皮擦工具采集画笔中心的色样，并删除在画笔内的任何位置的该颜色。它还在任何前景对象的边缘采集颜色。因此，如果前景对象以后粘贴到其他图像中，将看不到色晕。

与橡皮擦相比，虽然都是用来擦除图像中的颜色，但是背景橡皮擦工具在擦除颜色后不会填上背景色，而是将擦除的内容变成透明的。背景橡皮擦工具的选项栏如图 3-74 所示，其中包括"画笔""取样""限制""容差"和"保护前景色"。

图 3-74 "背景橡皮擦工具"选项栏

"画笔" 选择背景橡皮的大小形状。

"取样" 选取样本颜色的方式，共有三种。

✓ 连续：在擦除时自动选择所擦的颜色为样本色，此选项用于抹去不同颜色的相邻范围。

✓ 一次：擦除时首先要在需要擦除的颜色上单击，选定标本色，然后可以在图像上擦除与标本色相同的颜色范围，而且每次单击定下标本色只能做一次连续的擦除，如果要继续擦除必须重新单击确定标本色。

✓ 背景色板：在擦除前先选定背景色，即选定样本颜色，然后就可以擦除与背景色相同的色彩范围。

"限制" 控制背景橡皮的擦除界限，包括不连续、邻近和查找边缘三个选项。

✓ 不连续：抹除出现在画笔下任何位置的样本颜色。

✓ 邻近：抹除包含样本颜色并且相互连接的区域。

✓ 查找边缘：抹除包含样本颜色的连接区域，同时更好地保留形状边缘的锐化程度。

"容差" 低容差仅限于抹除与样本颜色非常相似的区域。高容差抹除范围更广的颜色。

"保护前景色" 可防止抹除与工具框中的前景色匹配的区域。

3.2.4.3 魔术橡皮擦工具

魔术橡皮擦工具  的工作原理和魔棒工具相似，用魔术橡皮擦工具在图层中单击时，该工具会自动更改所有相似的像素。如果用户是在背景中或是在锁定透明的图层中工作，像素会更改为背景色，否则像素会抹成透明。用户可以选择在当前图层上，或是只抹除的邻近像素，或是抹除所有相似的像素。

魔术橡皮擦工具的工具栏如图 3-75 所示，包括"容差""消除锯齿""连续""对所有图层取样""不透明度"。

图 3-75 "魔术橡皮擦工具"选项栏

"容差" 输入容差值可定义可抹除的颜色范围。低容差会抹除颜色范围内与单击像素非常相似的像素。高容差会抹除范围更广的像素。选项中可以输入 0～255 之间的数值。

"消除锯齿" 可使被抹除区域的边缘平滑。

"连续" 只抹除与单击像素邻近的像素，取消选择则抹除图像中的所有相似像素。

"对所有图层取样" 选择此项将把所有层作为一层进行擦除。

"不透明度" 指定不透明度以定义抹除强度。100%的不透明度将完全抹除像素。较低的不透明度将部分抹除像素。

3.2.5 填充工具

填充工具主要包括渐变工具和油漆桶工具。特别是渐变工具在绘图中起到关键性的作用，用它可以创建各种立体效果视图、华丽的渐变背景等。

3.2.5.1 渐变工具

使用渐变工具可以创建多种颜色间的逐渐混合，实质上就是图像中或图像的某一区域中填入一种具有多种颜色过渡的混合色。这个混合色可以是从前景色到背景色的过渡，也可以是前景色与透明背景间的相互过渡或是其他颜色间的相互过渡。通过在图像中拖移用渐变填充区域。起点（按下鼠标处）和终点（松开鼠标处）会影响渐变外观，具体取决于所使用的渐变工具。应用渐变填充步骤如下。

（1）选择渐变工具█。

（2）点按渐变样本旁边的三角形以挑选预设渐变填充如图 3-76 所示。

（3）鼠标指针移动到图像中，按下鼠标左键并拖动，当拖至另一位置后放开鼠标，即可在图像（选区范围）中填入渐变色，如图 3-77 所示。

图 3-76　预设渐变　　　　　　　　图 3-77　渐变填充

💡 **提示**：如果要填充图像的一部分，请选择要填充的区域。否则渐变填充将应用于整个现用图层。

在选项栏中选择应用渐变填充的选项如下。

✓ "线性渐变"█　以直线从起点渐变到终点。

✓ "径向渐变"█　以圆形图案从起点渐变到终点。

✓ "角度渐变"█　以逆时针扫过的方式围绕起点渐变。

✓ "对称渐变"█　使用对称线性渐变在起点的两侧渐变。

✓ "菱形渐变"█　以菱形图案从起点向外渐变。终点定义菱形的一个角。

在如图 3-78 所示的选项栏中执行下列操作。

图 3-78　"渐变"选项栏

✓ 指定绘画的混合模式和不透明度。

✓ 要反转渐变填充中的颜色顺序，请选择"反向"。

✓ 要用较小的带宽创建较平滑的混合，请选择"仿色"。

✓ 要对渐变填充使用透明蒙版，请选择"透明区域"。

✓ 将指针定位在图像中要设置为渐变起点的位置，然后拖移以定义终点。要将线条角度限定为 45 度的倍数，可按住【Shift】键进行拖动。

【补充】**色彩混合模式**。色彩混合模式通过对各色彩的混合而获得效果，用当前绘画或编辑工具应用的颜色与 1 图像原有的底色进行混合，从而产生一种结果颜色。各种混合模式的特点和作用，选中画笔工具，在其工具栏中打开模式下拉列表，其中其提供了 24 种色彩混合的模式，其作用如下。

正常：默认模式，绘制出来的颜色盖住原有的底色，当色彩是半透明时才会透出底部的颜色。

溶解：结果颜色将随机取代其有底色或混合颜色的像素，取代程度取决于像素位置的不透明度。

清除：只对透明底色的图层有效。

背后：只对透明底色的图层有效。

正片叠底：查看协个通道中的颜色信息，并将底色与混合颜色相乘，结果颜色总是较暗的颜色。

屏幕：将绘制的颜色的互补色与底色相乘。

叠加：根据图像底色的明暗对颜色执行 Multiply 模式或 Screen 模式，并保持底色不被替换。

柔光：使颜色变暗或变亮，这取决于混合颜色。

强光：对颜色执行正片叠底模式或屏幕模式，这取决于混合颜色。

对比度：通过增减对比度来加深或减淡颜色。

亮度：根据混合色的明暗度，通过增减亮度来加深或减淡颜色。

明度：根据混合色的明暗度来替换颜色。

颜色减淡：查看每个通道中的颜色信息，使底色变亮以反映绘制的颜色。

颜色加深：降低像素色彩亮度，以显示出绘制的颜色。

变暗：混合时会比较绘制的颜色与底色之间的亮度，较亮的像素被较暗的像素取代，而较暗的像素不变。

变亮：与变暗模式相反，选择底色或绘制颜色中较亮的像素作为结果颜色，较暗的像素被较亮的像素取代，而较亮的像素不变。

差值：绘制的颜色与底色的亮度值互减，取值时以亮度较高的颜色减去亮度较低的颜色。

排除：创建一种一种与差位模式相似但对比度较低的效果。

色相：用底色的明度和饱和度以及绘制颜色的色相，创建结果颜色。

饱和度：混合后的色相及明度与底色相同，而饱和度与绘制的颜色相同。颜色：用底色的明度以及混合颜色的色相和饱和度，创建结果颜色。

光度：用底色的色相和饱和度以及混合颜色的光度，创建结果颜色。

3.2.5.2　油漆桶工具

油漆桶工具可以在图像中填充颜色，但它只对图像中颜色相近的区域进行填充。

💡 **提示**：油漆桶工具不能用于位图模式的图像。

使用油漆桶工具。

（1）指定前景色。

（2）选择油漆桶工具 。

（3）指定是用前景色还是用图案填充选区，如图 3-79 所示。指定绘画的混合模式和不透明度。输入填充的容差。容差定义必须填充的像素的颜色相似程度。容差值范围可以从 0 到 255，低容差填充与点按像素非常相似的颜色值范围内的像素。高容差填充更大范围内的像素。

图 3-79 "油漆桶工具"选项栏

（4）要平滑填充选区的边缘，请选择"消除锯齿"，如图 3-79 所示。要只填充与点按像素邻近的像素，请选择"邻近"；不选则填充图像中的所有相似像素。

（5）要基于所有可见图层中的合并颜色数据填充像素，请选择"所有图层"，如图 3-79 所示。点按要填充的图像部分。指定容差内的所有指定像素由前景色或图案填充。

提示：如果正在图层上工作，并且不想填充透明区域，则一定要在"图层"调板中锁定图层的透明度。

3.3 修饰工具

3.3.1 图章工具的使用

3.3.1.1 仿制图章工具

仿制图章 是一种复制图像的工具，即在要复制的图像上取一个点，而后复制整个图像。使用仿制图章的步骤如下。

（1）首先在工具箱选择仿制图章工具。

（2）把鼠标移动到想要复制的图像上，按【Alt】功能键，这时鼠标图标变为瞄准器形状，如图 3-80 所示，单击鼠标选择复制的起点，松开【Alt】键。

（3）拖动鼠标在图像的任意位置开始复制，十字形表示复制点，如图 3-81 所示。

图 3-80 鼠标变为瞄准器

图 3-81 复制的图形

"仿制图章"的工具栏如图 3-82，包括"画笔""模式""不透明度""流量""对齐的"和"对所有图层取样"。

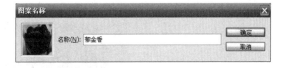

图 3-82 "仿制图章"工具栏

"画笔""模式""不透明度"和"流量"参数的设置已经介绍过，这里不再赘述。

"对齐的" 选中此复选框后，可以松开鼠标按钮，当前的取样点不会丢失，如果取消其选项，则每次停止和继续绘画时，都将从初始取样点开始应用样本像素。选中"对齐的"复选框与不选中"对齐"的效果如图 3-82。

3.3.1.2 图案图章工具

图案图章工具使用可以用图案绘画。可以从图案库中选择图案或者创建自己的图案。Photoshop 中有预置的几种图案图章。使用图案工具复制图像的步骤如下。

（1）打开要复制的图像，用矩形选框工具选取所要复制的部分，如图 3-83 所示。

💡 **提示**：必须用矩形选框工具选取所要复制的部分，因为 Photoshop 所能定义的图案都是矩形的。

（2）单击菜单命令【编辑】|【定义图案】，弹出"图案名称"对话框，如图 3-84，输入新建图案的名称，单击"确定"按钮。

图 3-83 创建选区

图 3-84 "图案名称"对话框

（3）在工具箱中，选择图案图章工具，此时在工具选项栏的"图案"列表中多出一个刚才定义的图案，如图 3-85 所示。

（4）在图像页面上拖动鼠标，复制图案，效果如图 3-86 所示。

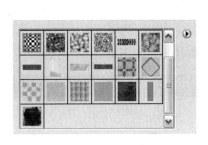

图 3-85 【图案】列表

图 3-86 复制图案效果

图案图章工具的选项栏如图 3-87 所示，包括"画笔""模式""不透明度""流量""图案"

和"对齐的""印象派效果"两个复选框。

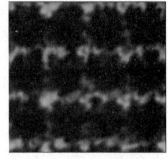

图 3-87　图案图章工具选项栏

"画笔""模式""不透明度""流量""图案"和"对齐的"的用途和使用方法同仿制图章，不再赘述。

"图案"　单击"图案"列表框右侧的向下箭头，弹出图案面板，在这里可以选择要复制的图案。

"印象派效果"　选择此复选框使得绘制的图案具有印象主义画派的风格，给人印象深刻。如图 3-88 所示印象主义图案复制。

3.3.2　图像的修复

3.3.2.1　修复画笔工具

修复画笔工具可用于校正瑕疵。与仿制工具一样，使用修复画笔工具可以利用图像或图案中的样本像素来绘画。使用修复画笔工具的方法如下。

图 3-88　印象主义图案复制

（1）单击工具箱上的修复画笔工具按钮，如图 3-89 所示。

（2）将鼠标移到取样部位，按【Alt】键，并单击进行取样，如图 3-90 所示。

（3）将鼠标移动到画面的不同调色部位进行涂抹，如图 3-91 所示，色调浅的部分所复制的图案色调也浅，色调暗的部分所复制的图案色调也暗。

图 3-89　修复画笔工具　　　图 3-90　创建取样点　　　图 3-91　在不同色调区使用修复画笔

修复画笔工具的选项栏如图 3-92 所示，包括"画笔""模式""源"和"对齐""对所有图层取样"两个复选框。其中"源"包含两项"取样"和"图案"。

图 3-92　修复画笔工具选项栏

"画笔""模式"和"对齐"的用途和使用方法同仿制图章，不再赘述。

"源"　单击"取样"可以使用在当前图像中取样的像素，单击"图案"可以从弹出式面板中选择图案。

3.3.2.2 修补工具

修补工具的功能和使用方法类似于修复画笔工具。通过使用修补工具,可以用其他区域或图案中的像素来修复选中的区域。像修复画笔工具一样,修补工具会将本像素的纹理、光照和阴影与原像素进行匹配。使用修补工具的方法如下。

(1)单击工具箱上的修补工具按钮,如图3-93所示。

(2)将鼠标移到选取范围内按下鼠标并拖动到有目标区域的位置,放开鼠标,如图3-94所示。

(3)Photoshop会自动将补丁粘贴到修补范围,并和原图案融合生成新图案,如图3-95所示。

图3-93　修补工具按钮

图3-94　选区范围

图3-95　修补后的效果

3.3.3　图像的修饰

3.3.3.1 涂抹工具

工具箱中的涂抹工具可模拟在湿颜料中拖移手指的动作。该工具可拾取描边开始位置的颜色,并沿拖动的方向展开这种颜色。效果如图3-96所示。

（a）

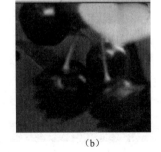

（b）

图3-96　涂抹前后的对比

涂抹工具的工具栏如图3-97所示,包括"画笔""模式""强度""对所有图层取样"和"手指绘画"。

图3-97　涂抹工具选项栏

"对所有图层取样" 选择此选项,可利用所有能够看到的图层中的颜色数据来进行涂抹。如果取消选择该选项，则涂抹工具只使用现有图层的颜色。

"手指绘画" 选择此复选框，可以设定图痕的颜色，好像用手指蘸上颜色在未干的油墨上绘画一样。如果取消该选项，涂抹工具会使用每个描边的起点处指针所指的颜色进行涂抹。

3.3.3.2 模糊工具和锐化工具

模糊工具可柔化图像中的硬边缘或区域，以减少细节。锐化工具可聚焦软边缘，以提高清晰度或聚焦程度。

（1）**模糊工具** 模糊工具是一种通过画笔使图像变模糊的工具。它的工作原理是降低像素之间的反差，如图 3-98 所示。

图 3-98　模糊前后的对比

模糊工具栏的选项栏如图 3-99 所示，包括"画笔""模式""强度""对所有图层取样"复选框。

图 3-99　模糊工具选项栏

"画笔" 选择画笔的形状。

"模式" 色彩的混合方式。

"强度" 画笔的压力，压力越大，色彩越浓，范围为 1%～100%。

"对所有图层取样" 选择此项可以使模糊工具作用于所有层的可见部分。

（2）**锐化工具**。锐化工具与模糊工具相反，它是一种使图像色彩锐化的工具，也就是增大像素颜色之间的反差。锐化工具选项栏如图 3-100 所示。

图 3-100　锐化工具选项栏

锐化工具的工具栏与模糊工具完全相同，不再赘述。

3.3.3.3 减淡和加深工具

工具箱中的减淡工具和加深工具采用了调节图像特定区域的曝光度，可用于使图像区域变亮或变暗。减淡工具早期也称为遮挡工具，作用是局部加亮图像。可以选择为高光、中间调或暗调区域加亮。加深工具的效果与减淡工具相反，是将图像局部变暗。这两个工具曝光度交设定越大则效果越明显。如果开启喷枪方式则在一处停留时具有持续性效果。

减淡工具和加深工具的工具栏如图 3-101 所示，包括"画笔""范围"和"曝光度"等。

图 3-101　加深工具选项栏

- ✓ **"画笔"**　选择画笔形状。
- ✓ **"范围"**　选择要处理的特殊色调区域。包括三个选项。
- ✓ **"阴影"**　选中后减淡工具和加深工具只能作用于图像的暗调区域。
- ✓ **"中间调"**　选中后减淡工具和加深工具只能作用于图像的中间调区域。
- ✓ **"高光"**　选中后减淡工具和加深工具只能作用于图像的亮调区域。
- ✓ **"曝光度"**　调整处理图像时的曝光强度，建议使用时先把"曝光度"的值设置的小一些，15%左右较为合适。

图 3-102 是使用不同减淡工具的效果比较。

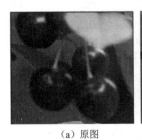   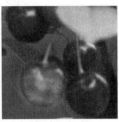

（a）原图　　　　　　　（b）高光　　　　　　　（c）阴影　　　　　　　（d）中间调

图 3-102　使用不同减淡工具的效果比较

3.3.3.4　海绵工具

工具箱中的海绵工具可精确的更改区域的色彩饱和度，流量越大效果越明显。开启喷枪方式可在一处持续产生效果。注意如果在灰度模式的图像（不是 RGB 模式中的灰度）中操作将会产生增加或减少灰度对比度的效果。海绵工具不会造成像素的重新分布，因此其去色和加色方式可以作为互补来使用，过度去除色彩饱和度后，可以切换到加色方式增加色彩饱和度。但无法为已经完全为灰度的像素增加上色彩。海绵工具的工具栏如图 3-103 所示，包括"画笔""模式"和"流量"。

图 3-103　海绵工具选项栏

"画笔"和"流量"同画笔中用法。
"模式"可以选择的方式有"去色"和"加色"，如图 3-104 所示。

图 3-104　加色与去色的效果比较

3.3.4 图像的液化变形

【液化】命令可用于通过交互方式拼凑、推、拉、旋转、反射、折叠和膨胀图像的任意区域。

3.3.4.1 液化对话框

打开一幅图像，选定需要变形的对象，单击【滤镜】|【液化】，即可打开如图 3-105 的对话框。对话框分为三部分：中间为图像预览区，左侧是工具箱，右侧是选项栏。

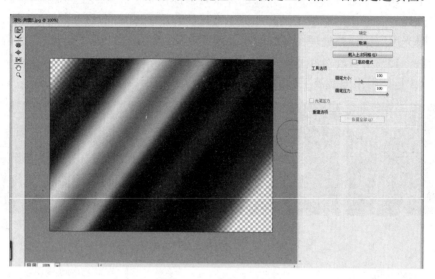

图 3-105　液化对话框

（1）放大和缩小预览图像　左侧工具箱中，选择缩放工具，然后在预览图像中单击或拖移，可以放大；按住【Alt】键，并在预览图像中单击或拖移，可以缩小。

（2）平移预览图像　左侧工具箱中选择抓手工具，并在预览图像中拖移。或者按住空格键并在预览图像中拖移。

3.3.4.2 扭曲工具

在【液化】对话框的工具箱中，有很多扭曲工具。下面就分别介绍这些扭曲工具的功能。

"向前变形工具"　沿着拖动方向向前推动像素，效果如图 3-106 所示。

"重建工具"　拖动鼠标可以将扭曲部分还原，效果如图 3-107 所示。

"顺时针旋转扭曲工具"　按下鼠标左键，顺时针旋转像素，按住【Alt】键，再按下鼠标左键，逆时针旋转像素，效果如图 3-108 所示。

图 3-106　向前变形效果　　　　图 3-107　重建效果　　　　图 3-108　顺时针旋转效果

"**褶皱工具**" 按下或拖动鼠标时，将像素向画笔中心移动，效果如图3-109所示。

"**膨胀工具**" 按下或拖动鼠标时，将像素向远离画笔中心方向移动，效果如图3-110所示。

"**左推工具**" 向上拖动鼠标时，向左移动像素。向下拖动鼠标时，向右移动像素。绕物体顺时针拖动鼠标可以减小物体尺寸，绕物体逆时针拖动鼠标可以增大物体尺寸，效果如图3-111所示。

图3-109 褶皱效果　　　　　图3-110 膨胀效果　　　　　图3-111 左推效果

"**镜像工具**" 将沿画笔移动方向左侧的像素映射到画笔移过的区域。按住【Alt】键可以将画笔移动方向右侧的像素映射到画笔移过的区域，效果如图3-112所示。

"**湍流工具**" 搅乱像素，常用来制造火焰、云、波纹等类似效果，效果如图3-113所示。

图3-112 镜像效果　　　　　图3-113 湍流效果

3.4 查看工具

3.4.1 缩放工具

在工具箱中选择放大镜工具，对图像进行放大。放大镜工具选项栏如图3-114所示。

图3-114 缩放工具选项栏

"**调整窗口大小以满屏显示**" 勾选该复选框，Photoshop会在用放大镜调整显示比例的同时调整图像窗口的大小，以适合图像。

"**忽略调板**" 勾选此复选框，在以"调整窗口大小以满屏显示"方式缩放窗口时，Photoshop 将忽略面板的存在。这时因为 Photoshop 会自动计算出面板在桌面上的位置功能。这样可以避免因窗口放大而被面板遮住的麻烦。

"**实际像素**" 页面会以 100%的比例显示窗口图像。

"**适合屏幕**" 单击此按钮可使窗口以最合适的大小和最合适的比例完整地显示图像。此功能与双击抓手工具的功能相同。

"**打印尺寸**" 单击此按钮可以使图像以 1∶1 的实际打印尺寸显示。

使用放大镜工具操作的步骤如下：① 工具箱中选取放大镜工具。② 在图像需要放大的区域单击，即可放大图像。③ 如果要放大图像的特定区域，可以移动鼠标拖拉出放大区域的选框，即可放大选框的区域。

3.4.2 抓手工具

抓手工具可用来改变图像的视图区域，即通过平移的方式局部浏览图像，如图 3-115 为抓手工具选项栏

图 3-115 抓手工具选项栏

"**实际像素**" 按照 100%的图像显示比例显示图像的实际大小。

"**适合屏幕**" 按照图像的实际大小，选择适当的图像显示比例和窗口大小将图像完整地显示在屏幕上。

"**打印尺寸**" 按照预设的分辨率显示图像的实际打印尺寸。

操作步骤如下：① 打开图片后选择抓手工具，把抓手放在图片中。② 按住鼠标并拖动，抓手拖动图像形成预览。

3.5 路径工具

3.5.1 认识路径

3.5.1.1 路径的概念和功能

路径指用户勾绘出来的由一系列点连接起来的线段或曲线。可以沿着这些线段或曲线填充颜色，或者进行描边，从而绘制出图像。

路径是一些矢量式的线条，因此无论图像缩小或放大，都不会影响它的分辨率或平滑度。编辑好的路径可以同时保存在图像中（文件扩展名为*.psd 或*.tif），也可以将它单独输出为文件（输出后的文件扩展名为*.AI）然后在其他软件中编辑或使用。路径的功能如下。

✓ 将一些不够精确的选区范围转换为路径后再进行编辑和微调，完成一个精确的选区范围后再转换为选区使用。

✓ 更方便地绘制复杂的图像。

✓ 利用【填充路径】、【描边路径】命令，可以创作出特殊的效果。

✓ 路径可以单独作为矢量图输入到其他的矢量图程序中。

3.5.1.2 路径面板

"路径"面板列出了每条存储的路径、当前工作路径和当前矢量蒙版的名称和缩略图像。利用"路径"面板，可以执行所有涉及路径的操作，"路径"面板如图 3-116 所示。

"路径"面板中的各项意义如下。

- ✓ 路径列表：列出了当前图像中的所有路径。
- ✓ "路径"面板菜单：单击右上角的小三角形将弹出"路径"面板菜单，不同的状态下弹出的菜单有所不同。菜单中提供相应的操作命令。
- ✓ 填充按钮：单击该按钮将以当前的前景色，背景色或图案等内容填充路径所包围的区域。
- ✓ 描边路径按钮：单击该按钮将以当前选定的前景色对路径描边。
- ✓ 将路径转换为选择范围按钮：单击该按钮可将当前选中的路径转换为选择范围。
- ✓ 将选择范围转换为路径按钮：单击该按钮可将当前选择范围转换为路径。
- ✓ 建立工作路径按钮：每次要创建新路径时，均要单击该按钮。
- ✓ 删除路径按钮：单击该按钮可删除当前选中的路径。

"路径"面板的操作如下。

- ✓ 显示"路径"面板，选取【窗口】|【路径】。
- ✓ 选择或取消选择面板中的路径：如果要取消选择路径，单击"路径"面板中相应的路径名。一次只能选择一条路径。如果要取消选择路径，单击"路径"面板中的空白区域或按【Esc】键。
- ✓ 更改路径缩览图的大小：从"路径"面板菜单中选取"调板选项"，弹出如图 3-117 所示的"路径调板选项"对话框，选择合适大小。

图 3-116 "路径"面板

图 3-117 "路径调板选项"对话框

更改路径的堆叠顺序，在"路径"面板中选择路径。然后上下拖移路径。当所需位置上出现黑色的实线时，释放鼠标按钮。

3.5.1.3 路径编辑的工具

都被集中到了路径工具组如图 3-118 所示、钢笔工具组如图 3-119 所示和形状工具组如图 3-120 所示。

使用钢笔工具和形状工具可以创建三种不同类型的对象。它们是形状图层、工作路径和填充像素。

✓ 形状图层：当在选项栏选择形状图层按钮时，使用形状工具或钢笔工具可以创建形状图层。形状中会自动填充当前的前景色。

图 3-118　路径工具组　　　图 3-119　钢笔工具组　　　图 3-120　形状工具组

✓ 工作路径：当在选项栏选择路径按钮时，使用形状工具或钢笔工具可以创建工作路径。路径不会对形状进行填充。

✓ 填充像素：当在选项栏选择填充像素按钮时，使用形状工具可以创建工作路径。填充像素不是矢量对象。

3.5.2　使用钢笔工具组

3.5.2.1　用钢笔工具绘制直线段

（1）选择钢笔工具。

（2）在钢笔工具的选项栏如图 3-121，设置下列选项。

图 3-121　"钢笔工具"选项栏

✓ 如果要在单击线段时添加锚点和在单击线段时删除锚点，选择选项栏中的【自动添加/删除】。

✓ 要在绘图时预览路径段，单击选项栏中形状按钮旁边的反向箭头并选择"橡皮带"。

（3）将钢笔指针定位在绘图起点处并单击，以定义第一个锚点。

（4）单击为路径线段设置锚点。继续单击，可将单击位置与上一锚点相连。

（5）完成路径。

✓ 要结束开放路径，按住【Ctrl】键在路径外单击。

✓ 要关闭路径，将钢笔指针定位在第一个锚点上；如果放置的位置正确，笔尖旁边将出现一个小圈，单击可以关闭路径。如图 3-122 所示。

图 3-122　用钢笔工具绘制直线

3.5.2.2 用钢笔工具绘制曲线

（1）选择钢笔工具 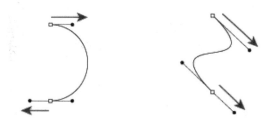，单击并向下拖动鼠标创建曲线的起点。这时，钢笔指针变成了一个箭头 ，表明正在指定曲线的方向。开始创建一条曲线，向右移动鼠标到新位置，单击并向上拖动鼠标，拖动鼠标时，方向线会从锚点向外延伸。

（2）现在创建第三个锚点。水平向右移动鼠标，单击并拖动。如图 3-123 所示。

图 3-123　钢笔工具绘制曲线

3.5.2.3 连接曲线和直线路径

（1）把曲线连接到直线。选择钢笔工具并创建一条曲线。

✓ 创建一个拐点，允许这段曲线连接到一条直线上，按【Alt】键并单击刚创建曲线的终点，注意沿曲线延伸方向的方向线消失了；松开鼠标和【Alt】键。

✓ 创建同曲线相连的直线。

（2）把直线连接到曲线。

✓ 选择钢笔工具并创建直线。

✓ 按住【Alt】键，单击直线的终点，并拖动鼠标。出现方向线后，松开鼠标和【Alt】键。

✓ 创建与直线相连的曲线。

3.5.2.4 使用自由钢笔工具绘制路径

自由钢笔工具 的功能和钢笔工具的功能基本上是一样的，两者的主要区别在于建立路径的操作不同。自由钢笔选项栏如图 3-124 所示。

用自由钢笔工具绘图的步骤如下。

图 3-124　"自由钢笔"工具选项栏

✓ 选择自由钢笔工具 。

✓ 在选项栏设置自由钢笔工具的属性。控制最终路径对鼠标或光标移动的灵敏度，单击选项栏中形状按钮旁边的反向箭头，然后为"曲线拟合"输入介于 0.5～10.0 像素之间的值，此值越高，创建的路径锚点越少，路径越简单。

✓ 在图像中拖移指针。在用户拖移时，会有一条路径尾随指针，释放鼠标，工作路径即创建完毕。

✓ 如果要继续手绘现有路径，将自由钢笔指针定位在路径的一个端点并拖移。

✓ 要完成路径，释放鼠标。要创建闭合路径，单击路径的初始点（当它对齐时在指针旁会出现一个圆圈）。

磁性钢笔 是自由钢笔工具的选项，它可以绘制与图像中定义区域的边缘对齐的路径。用磁性钢笔选项绘图方法如下。

（1）要将自由钢笔工具转换成磁性钢笔，选择选项栏中的"磁性的"，或单击选项栏中形状按钮旁边的反向箭头，选择"磁性的"并进行下列设置：

✓ 为"宽度"输入介于 1～256 之间的像素值。磁性钢笔只检测距指针指定距离内的边缘。

✓ 为"对比"输入介于 1～100 之间的比值，指定像素之间被看作边缘所需的对比度。比值越高，图像的对比度越低。

✓ 为"频率"输入介于 5～40 之间的值，指定钢笔设置锚点的密度。

✓ 如果使用的是光笔绘图板，选择或取消选择"钢笔压力"。

（2）在图像中单击，设置第一个紧固点。

（3）手绘路径段，移动指针或沿要描的边拖移，磁性钢笔定期像边框添加紧固点以固定前面的各段。

（4）若边框没有与所需的边缘对齐，则单击一次，手动添加一个紧固点并使边框保持不动。继续沿边缘操作，根据需要添加紧固点。如果需要，按【Delete】键删除上一个紧固点。

（5）如果要动态修改磁性钢笔的属性，执行下列任一操作

✓ 按住【Alt】键并拖移，可绘制手绘路径。

✓ 按住【Alt】键并单击，可绘制直线段。

✓ 按【[】键可将磁性钢笔的宽度减小一个像素，按【]】键可将钢笔宽度增加一个像素。

（6）完成路径后，按【Enter】键，结束开放路径。单击两次，关闭包含磁性段的路径，按住【Alt】键并单击两次，关闭包含直线段的路径。

磁性钢笔绘制路径如图 3-125 所示。

图 3-125　磁性钢笔绘制路径

3.5.3　使用形状工具组

在 Photoshop 中，可以使用工具箱中的 6 个矢量绘图工具绘制各种形状的路径，结合工具选项栏的设置和其他路径编辑工具，可以对其进行编辑。如图 3-126 所示为绘制和编辑形状路径时所需的工具箱中的工具。

图 3-126　路径形状工具组

3.5.3.1 矩形工具

矩形工具可绘制正方形或任意大小的矩形，还可根据设置绘制固定比例的矩形。如图 3-127 所示为矩形工具选项栏。

图 3-127 "矩形工具"选项栏

矩形工具选项面板如图 3-128 所示包含以下内容。

"不受约束" 选择此项，可绘制任意尺寸的矩形，比例和大小不受约束。

"正方形" 选择此项，可绘制任意大小的正方形。

"固定大小" 选择此项，可在后面的宽和高文本中自定义数值，绘制固定尺寸的矩形。

"比例" 在选项栏中输入数值，可约束长和宽的比例。

"从中心" 勾选该复选框，会以鼠标单击的位置为中心进行绘制。

图 3-128 "矩形选项"工具面板

3.5.3.2 圆角矩形工具

使用圆角矩形工具可以绘制四角平滑的矩形，通过自定义圆角半径，可以得到不太效果的圆角效果，如图 3-129 为圆角矩形工具选项栏。

图 3-129 "圆角矩形工具"选项栏

【半径】用来设置圆角半径的大小，数值越大，矩形的四个角越圆滑。

3.5.3.3 椭圆工具

使用椭圆工具可以绘制椭圆，如果要绘制正圆，可以在下拉选项组中选择圆选项，或在绘制过程中按住【Shift】键即可，椭圆工具选项栏如图 3-130 所示。

3.5.3.4 多边形工具

利用多边形工具可绘制如三角形、五角星等多种形状，如图 3-131 为多边形工具选项栏。

图 3-130 "椭圆工具"选项栏

图 3-131 "多边形工具"选项栏

"半径" 用来设置多边形外接圆的半径。

"平滑拐角" 用来控制多边形夹角的平滑度。

"星形" 勾选此复选框，可以绘制各种星形。

"缩进边依据" 用来设置星形的缩进程度。

"平滑缩进" 选择此复选框，星形的各角将平滑地向中心缩进。

"边" 用来设置多边形或星形的边数。

3.5.3.5 直线工具

直线工具可以绘制不同粗细和不同形状的箭头，如图 3-132 所示为直线工具选项栏。

"起点" 为线段的起始端添加箭头。

"终点" 为线段的终点端添加箭头。

"宽度" 用来设置箭头宽度与线段宽度的比例，取值范围为 10%～1000%。

图 3-132 "直线工具"选项栏

"长度" 用来设置箭头长与线段宽度的比例，取值范围为 10%～500%。

"凹度" 用来设置箭头的凹陷程度，取值范围为 -50%～50%。

"粗细" 用来设置直线的宽度。

3.5.3.6 自定义形状工具

自定义形状工具用来绘制不规则的形状或者自定义形状。其使用方法与矩形、多边形相似。如图 3-133 为自定义形状工具选项栏。

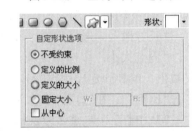

图 3-133 "自定义形状工具"选项栏

"形状" 用来选择系统预设的各种形状，在自定义形状的下拉菜单中可以进行复位形状、载入形状、存储形状和替换形状。

3.5.4 编辑路径

初步制作的路径往往不符合要求，比如路径圈选的范围多了或少了，路径的位置不合适等，这就需要对路径进一步调整和编辑，在实际操作中，编辑路径主要包括下面两方面，调整路径的形状和位置，其次还有复制、删除、关闭和隐藏路径等操作。

3.5.4.1 选择路径和锚点

在编辑路径之前需要先选中路径或锚点。选择路径的常用工具是路径选择工具 和直接选择工具 。

使用这两种工具选择路径的效果是不一样的。使用路径选择工具选择路径后，被选中的路径以实心点的方式显示各个锚点，如图 3-134 所示，表示此时已选中整个路径，如果只用直接选择工具选择路径，则被选中的路径以空心点的方式显示各个锚点。

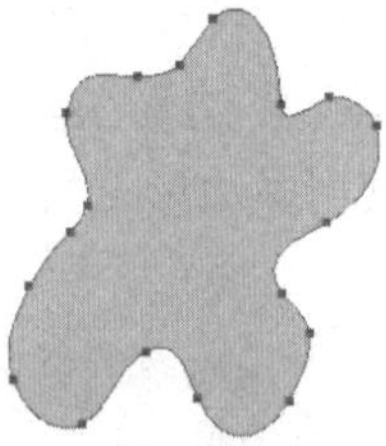

图 3-134 使用路径选择工具选择

如果要调整路径中的某一个锚点，可以进行如下操作。

（1）使用直接选择工具单击路径上的任一位置选中当前路径，如图 3-135。

（2）再移动光标至要选中的锚点上单击即可，如图 3-136 所示，当锚点被选中后会变成实心点。

3.5.4.2 增加或删除锚点

增加或删除锚点，需要使用工具箱中的添加锚点工具 或删除锚点工具 。这两个工具的操作方法如下：要增加一个锚点，可在选择添加锚点工具

图 3-135 使用直接选择工具选择

后，移动鼠标指针至图像中的路径上（**注意：不能移到路径的某个锚点上，这样反而会删除某个锚点**）单击即可，如图 3-136 所示。同时出现添加锚点的方向线，要删除锚点，可在选择删除锚点工具后，移动鼠标指针至图像的路径的锚点上单击即可，如图 3-137 所示。

3.5.4.3 更改锚点属性

锚点有两种类型，即直线锚点和曲线锚点，这两种锚点所连接的分别是直线和曲线。使用编辑路径工具的转换点工具，就可以实现二者之间的转换。方法如下。

（1）在工具箱中选中转换点工具，然后移动光标至图像中的路径锚点上单击，即可将一个曲线锚点转换为直线锚点，如图 3-138 所示。

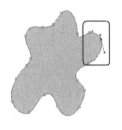  

图 3-136　锚点被选中　　　图 3-137　增加锚点　　　图 3-138　曲线锚点转换为直线锚点

（2）如果要转换的锚点为直线锚点，只需单击并拖动，就可以将直线锚点转换为曲线锚点。如图 3-139 所示。

（3）使用 ⌐ 按钮以调整曲线的方向，用 ⌐ 按钮在曲线锚点的一个锚点上按下鼠标并拖动，就可以单独调整一端的曲线形状。

3.5.4.4 移动、整形和删除路径段

可以移动、整形或删除路径中的个别段，还可以添加或删除锚点以更改段路径的形状。

（1）移动直线段

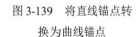

图 3-139　将直线锚点转换为曲线锚点

✓ 选择直接选择工具，然后选择要调整的路径段。如果要调整路径段的角度或长度，则选择锚点。

✓ 将所选路径段拖移到它的新位置即可。

移动直线段如图 3-140 所示。

（2）移动曲线段

✓ 选择直接选择工具，然后选择要移动的锚点或路径段。选择定位段的两个锚点。

✓ 将所选锚点或路径段拖移到新位置，拖移时按住【Shift】键可以限制按 45 度角的倍数移动。

移动曲线段如图 3-141 所示。

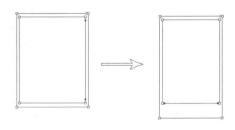 

图 3-140　移动直线段　　　　　　　图 3-141　移动曲线段

（3）整形曲线段

✓ 选择直接选择工具，然后选择要调整的曲线路径段，这时出现该段的方向线。

✓ 调整曲线。

① 如果要调整路径段的位置，拖移此路径段。

② 如果要调整所选锚点任意一侧线段的形状，拖移此锚点或方向点。拖移时按住【Shift】键可以限制按 45 度角的倍数移动。

如图 3-142 所示调整锚点任意一侧线段的形状。

（4）删除路径段

✓ 选择直接选择工具，然后选择要删除的段，如图 3-143 所示。

✓ 按【Backspace】键删除所选段。再次按【Backspace】键或【Delete】键可以删除其余的路径。

3.5.4.5　移动、整形、拷贝和删除路径

（1）移动路径　在路径面板中选择路径名，并使用路径选择工具 ▸ 在图像中选择路径。如果要选择多个路径，按住【Shift】键并单击每个其他路径，将其添加到选区。移动路径如图 3-144 所示。

图 3-142　调整锚点一侧线段的形状　　　图 3-143　删除路径段　　　图 3-144　移动路径

（2）整形路径　在路径面板中选择路径名，并使用直接选择工具选择路径中的锚点。将该点或其手柄拖移到新位置。

（3）合并重叠的路径。

✓ 在路径面板中选择路径名，并选择路径选择工具。

✓ 单击选项栏中的"组合"从所有的重叠路径创建单个路径，如图 3-145 所示。

（4）路径的复制、粘贴和删除。路径可以看作一个图层中的图像，因此可以对它进行复制、粘贴和删除等操作。

图 3-145　合并重叠路径

✓ 复制路径：在选中路径后，单击【编辑】|【拷贝】命令或按下【Ctrl+C】将路径复制到剪贴板上，然后进行粘贴。

✓ 如果要在移动时复制路径，可在路径面板中选择路径名，并用路径选择工具单击路径，然后按住【Alt】键并拖移所选路径即可复制路径，如图 3-146 所示。

✓ 也可以通过"路径"面板进行复制。先选中要复制的路径，在"路径"面板菜单中选择【复制路径】命令，如图 3-147 所示，随后，打开"复制路径"对话框，如图 3-138 所示，在对话框中填入一个名称，单击"确定"即可。

图 3-146　移动时复制路径

<table>
<tr><td>图 3-147　路径面板</td><td>图 3-148　"复制路径"对话框</td></tr>
</table>

✓ 要删除路径，可将路径拖动至删除路径按钮
🗑，或者在选中路径后，选择面板菜单中的【删
除路径】命令即可，如图 3-149 所示。

3.5.4.6　路径的变形

在选中任何一个路径工具后，在【编辑】菜单中
原来的【自由变换】和【变换】菜单项的位置处将变
为"自由变换路径"和"变换路径"菜单项，如图 3-150
所示。

图 3-150　【编辑】下拉菜单　　　　　　　　图 3-149　删除路径

如果在路径选择工具的选项栏中，选择"显示定界框"复选框，则选取路径时会显示路
径边框，如图 3-151 所示。调整路径边框，也可以对路径进行交换。

3.5.4.7　路径的填充和描边

路径的另一个功能是可以直接使用路径绘图，操作如下。

（1）选中要进行填充的路径，打开"路径"面板，单击【填充路径】命令，如图 3-152
所示。

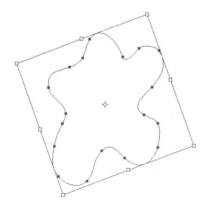

图 3-151　显示定界框　　　　　　　　　　　图 3-152　填充路径

（2）打开"填充路径"对话框，如图 3-153 所示，在"使用"列表框中，选择填充工具。"渲染"选项组中，可以设置填充颜色时是否具有羽化功能和消除锯齿功能。完成设置后，单击"确定"按钮完成，填充效果如图 3-154 所示。

图 3-153 "填充路径"对话框　　　　　　图 3-154 填充效果

路径描边的操作如下。在描边之前同样需要打开要描边的路径，然后执行"路径"面板菜单中的【描边路径】命令，打开"描边路径"对话框，如图 3-155 所示。

对话框中有一个【工具】列表框，从中可以设置一种工具进行描边，如图 3-156 选定"铅笔"工具，单击"确定"按钮完成。

图 3-155 描边路径　　　　　　图 3-156 "描边路径"对话框

3.5.4.8 输出剪贴路径

利用剪贴路径功能，可输出路径之内的图像，而路径之外的区域则为透明区域。为此，可在"路径"面板菜单中单击如图 3-157 所示的【剪贴路径】命令，打开如图 3-158 所示的"剪贴路径"对话框进行设置。

✓ 【路径】选框，选择所要剪切的路径。

✓ 【展平度】用于填充输出路径之内的图像的边缘像素的设定。

最后单击"确定"按钮即可完成输出剪贴路径。然后选择【文件】|【存储为】将图像保存为 TIF 格式，其他支持剪贴路径的应用程序即可使用这个图像文件。

图 3-157　剪贴路径　　　　　　　　　　图 3-158　"剪贴路径"对话框

3.5.4.9　打开和关闭路径

要关闭路径，可以在"路径"面板中选中要关闭的路径名称，然后单击"路径"面板中路径窗口以外的地方。要重新打开路径，只需在"路径"面板中单击路径名称即可。

还可以隐藏路径，按下【Ctrl+Shift+H】组合键，可以将路径隐藏。隐藏路径后，在图像中看不到路径，但在"路径"面板中，路径名称依然以蓝色显示。

3.5.5　在路径和选区边框之间的转换

路径的一个功能是可以将其转换为选择范围，其操作方法如下。

（1）先编辑好路径，然后打开"路径"面板菜单，执行其中的【建立选区】命令，如图 3-159 所示。

（2）此时出现"建立选区"对话框，如图 3-160 所示，进行设置，单击"确定"即可。

✓　"建立选区"对话框中的"羽化半径"文本框，可以控制选区范围转换后的边缘羽化程度。

✓　若选取"消除锯齿"复选框，则转换后的选区范围具有消除锯齿的功能。

图 3-159　建立选区　　　　　　　　　　图 3-160　建立选区对话框

（3）如果是一个开放的路径，则在转化为选择范围后，其起点和终点会成为一个封闭的选区范围。若选中路径后，单击将路径作为选区载入按钮，则直接将路径转换为选区。

将选区转换为路径：将当前图像中任何选择范围转换为路径，只需在选中范围后单击"路径"面板中的 按钮即可。

3.6 文字工具

3.6.1 创建文字

文字工具选项栏如图 3-161 所示，可以在图像中的任何位置创建横排文字 T 或直排文字 IT。根据使用文字工具的不同方法，可以输入点文字或段落文字。点文字可输入一个字或一行字符，段落文字以一个或多个段落的形式输入文字并设置格式。

3.6.1.1 输入点文字

（1）打开图像文件，在工具箱中选择"横排文字工具"。

（2）在图像中单击，为文字设置插入点，如图 3-162 所示。

图 3-161　文字工具选项栏　　　　　　　图 3-162　设置文字插入点

（3）在如图 1-163 所示的选项栏、"字符"面板和"段落"面板中设置文字选项。

图 3-163　文字工具选项栏

（4）输入所需的字符，按主键盘上的【Enter】键另起一行，如图 3-164。

（5）提交文字图层。

单击选项栏中的提交按钮 ✔ 。

✓ 按数字键盘上的【Enter】键。

✓ 按主键盘上的【Ctrl+Enter】键。

✓ 选择工具箱中的任意工具，在"图层""通道""路径""动作""历史及"或"样式"面板中单击，或者选择任何可用的菜单命令。

✓ 单击取消按钮，取消当前所有的编辑。

效果如图 3-165 所示。

图 3-164　输入文字　　　　　　　　　　　图 3-165　横排文字输入

如果在工具箱中选取"竖排文字工具"，使用方法同上，效果如图 3-166 所示。

3.6.1.2　输入段落文字

输入段落文字时，文字基于定界框的尺寸换行。可以输入多个段落并选择段落调整选项。可以调整定界框的大小，这将使文字在调整后的矩形中重新排列。输入段落文字方法如下。

（1）打开图像，选择"横排文字工具"或"直排文字工具"。

（2）执行下列操作之一。

✓ 沿对角线方向拖移，为文字定义定界框，如图 3-167 所示。

图 3-166　竖排文字输入　　　　　　　　　图 3-167　定义文字定界框

✓ 单击或拖移时按住【Alt】键，以显示"段落文字大小"对话框，输入"宽度"和"高度"的值，单击"确定"按钮。

（3）在选项栏、"字符"面板或"段落"面板中设置文字选项。

（4）输入所需的字符。按主键盘上的【Enter】键另起一段，如图 3-168 所示。定界框所能容纳的大小，定界框的右下角将出现溢出图标⊞。

（5）如果需要，可调整定界框的大小、旋转或斜切定界框。

（6）提交文字图层。输入的文字即出现在新的文字图层中。

如果出现文字溢出定界框，或者定界框过大，可以调整文字定界框的大小。还可以调整文字定界框。方法如下。

（1）定界框手柄：在文字工具处于现用状态时，选择"图层"面板中的文字图层，并在图像中的文本处单击。

　　（2）拖移以获得想要的效果。

✓ 若要调整定界框的大小，可将指针定位在手柄上（此时指针变为双向箭头）并拖移。
按住【Shift】键并拖移可保持定界框的比例，如图 3-169 所示。

图 3-168　输入段落文字　　　　　　　　　　图 3-169　调整定界框大小

✓ 若要旋转定界框，可将指针定位在定界框外（此时指针变为弯曲的双向箭头）并拖移。
按住【Shift】键并拖移可将旋转限制为按 15 度的增量进行。要更改旋转中心，请按
住【Ctrl】键并将中心点拖移到新位置。
中心点可以在定界框外。效果如图 3-170
所示。

✓ 要斜切定界框，按住【Ctrl+Shift】键并
拖移边手柄。此时指针变为带有小双向
箭头的箭头。

　　（3）调整定界框大小时缩放文字，可按住
【Ctrl】键并拖移角手柄。

3.6.2　调整字符和段落

　　在"字符"面板和"段落"面板中可以做
相应的调整。字符面板如图 3-171 所示。

图 3-170　旋转定界框

✓ A：这个选框用以选择输入文字的字体，在下拉菜单中，可以选择适合的字体，菜单
中的字体种类和 Windows 中安装的字体的种类有关。

✓ B：这个配合 A 使用的选项，它也用以设置字体的选项，其下拉菜单中有时只有通常
模式。

✓ C：字的大小，通过调整框内数值的大小可以改变字的大小。

✓ D：这个选项用以调整文字两行之间的距离。

✓ E：调整文字垂直方向的长度，用它可以调整出高度比宽度大的文字。

✓ F：调整文字的横向方向的长度，用法同 E。

✓ G：调整字符缩进的百分比。

✓ H：文字的跟踪。用以调整一个字所占的横向空间的大小，但是文字本身的大小不会
发生改变。

✓ I：用以调整角标相对于水平线高低的选框，如果是正数，表示角标是一个上角标，将出现在一般的文字的右上角；如果是负数，则它们将代表下角标。

✓ J：单击该颜色块可以打开颜色选择窗口选择颜色。

从字符面板中，单击右上角的，出现如图3-172所示的子菜单。

图3-171　字符面板

图3-172　字符面板子菜单

段落面板如图3-173所示。

✓ A：调整段落中各行的模式，分别为左对齐、居中、右对齐。

✓ B：用以调整段落的对齐方式，第一个是段落左对齐，第二个是段落的最后一行居中，第三个是段落的最后一行右对齐。

✓ C：这个模式是段落的最后一行两端对齐。

✓ D：调整段落的左缩进，即整个段落左边留出的空间。

✓ E：调整段落的右缩进。

✓ F：调整首行的左缩进，即第一行留出的空间。

✓ G：段落前附加空间。

✓ H：段落后附加空间。

单击段落面板右上角的，打开如图3-174所示子菜单。

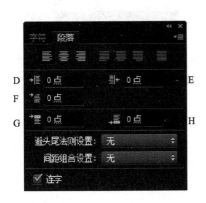

图3-173　段落面板

图3-174　段落面板子菜单

3.6.3 处理文字图层

创建文字图层后，可以编辑文字并对其应用图层命令。还可以对文字图层进行以下更改并且仍能编辑文字。

- ✓ 应用【编辑】菜单中的【变化】命令，【透视】与【扭曲】变换除外（要应用【透视】与【扭曲】变换命令，或要变换文字图层的一部分，必须栅格化文字图层，使文字无法编辑）。
- ✓ 使用图层样式。
- ✓ 使用填充快捷键。要用前景色填充，按【Alt+Backspace】键；要用背景色填充，按【Ctrl+Backspace】键。
- ✓ 使文字变形以适应各种形状。

3.6.3.1 在文字图层中编辑文本

在文字图层中插入新文本，更改现有文本以及删除文本。在文字图层中编辑文本的方法如下。

（1）选择横排文字工具或直排文字工具。

（2）在"图层"面板中选择文字图层或者在文本中单击，自动选择文字图层。

（3）在文本中定位插入点，然后执行下列操作之一。

- ✓ 单击以设置插入点。
- ✓ 选择要编辑的一个或多个字符。

（4）根据需要输入文本。

（5）提交对文字图层的修改。

3.6.3.2 栅格化文字图层

一些命令和工具（例如滤镜效果和绘画工具）不适用于文字图层。必须在应用命令或使用工具之前栅格化文字。栅格化将文字图层转换为正常图层，并使其内容成为不可编辑的文本。如果选取了需要栅格化图层的命令或工具，则会出现一条警告信息。某些警告信息提供了一个"确定"按钮，单击此按钮即可栅格化图层。将文字图层转换为正常图层的步骤如下。

（1）在"图层"面板中选择文字图层。

（2）选取【图层】|【栅格化】|【文字】命令。即可将文字图层变为普通图层，如图 3-175 所示。

3.6.3.3 更改文字图层的方向

文字图层的取向决定文字行相当于文档窗口（对于点文字）或定界框（对于段落文字）的方向。当文字图层垂直时，文字行上下排列当文字图层水平时，文字行左右排列。不要混淆文字图层的取向与文字行中字符的方向。更改文字图层的取向步骤如下。

（1）在"图层"面板中选择文字图层。

（2）执行下列操作之一。

- ✓ 选择一个文字工具并单击选项栏中的文本方向按钮 ⊥。
- ✓ 选取【图层】|【文字】|【垂直】，如图 3-176 所示。
- ✓ 从"字符"面板菜单中选取"更改文本方向"如图 3-177 所示。

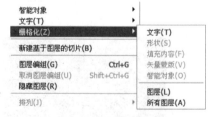

图 3-175 栅格化文字图层

创建工作路径(C)
转换为形状(A)

✓ 水平(H)
垂直(V)

消除锯齿方式为无(N)
消除锯齿方式为锐利(R)
消除锯齿方式为犀利(I)
消除锯齿方式为浑厚(S)
✓ 消除锯齿方式为平滑(M)

转换为点文本(P)

文字变形(W)...

更新所有文字图层(U)
替换所有缺欠字体(F)

图 3-176 "图层"子菜单

停放到调板窗

更改文本方向
标准垂直罗马对齐方式(R)
直排内横排(T)

字符对齐   ▶

OpenType   ▶
仿粗体(X)
仿斜体(I)
全部大写字母(C)
小型大写字母(M)
上标(P)
下标(B)

下划线(U)
删除线(S)

✓ 分数宽度(F)
系统版面

无间断(N)

复位字符(E)

图 3-177 "字符"面板菜单

✓ 效果如图 3-178 所示。

图 3-178 更改文字图层方向

3.6.3.4 消除字体边缘的锯齿

消除锯齿使用户可以通过部分地填充边缘像素来产生边缘平滑的文字，这样，文字边缘就会混合到背景中，消除锯齿选项如图 3-179 所示。

"无" 不应用消除锯齿。

"锐利" 使文字显得最为锐化。

"犀利" 使文字显得稍微锐化。

"浑厚" 使文字显得更粗重。

"平滑" 使文字显得更平滑。

将消除锯齿应用到文字图层的步骤如下。

（1）在"图层"面板中选择文字图层。

（2）执行下列操作之一。

✓ 从选项栏或"字符"面板中的"消除锯齿"菜单中选取一个选项。

✓ 选取【图层】|【文字】，并从子菜单中选取一个消除锯齿选项。

图 3-179 消除锯齿选项

（3）消除锯齿的效果如图 3-180 所示。

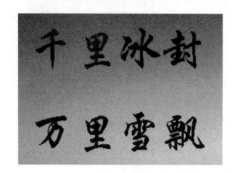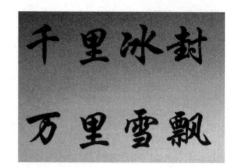

图 3-180　选择平滑后的效果

3.6.3.5　在点文字与段落文字之间转化

将点文字转换为段落文字，在定界框中调整字符排列。或者可以将段落文字转换为点文字，使各文本行彼此独立地排列。将段落文字转换为点文字时，每个文字行的末尾（最后一行除外）都会添加一个回车符。在点文字与段落文字之间转换的方法如下：

（1）在"图层"面板中选择文字图层。

（2）选取【图层】|【文字】|【转换为点文本】，如图 3-181 或【图层】|【文字】|【转换为段落文本】即可。

（3）结果如图 3-182。

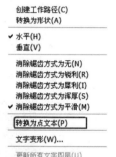

图 3-181　转换为点文本

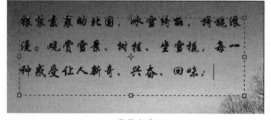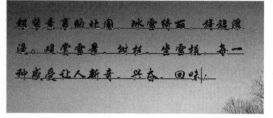

段落文本　　　　　　　　　　　　　　　　　点文本

图 3-182　段落文本与点文本间的转化

3.6.3.6　变形文字图层

变形允许扭曲文字以符合各种排列形状。可以将文字排列变形为扇形或波浪形。选择的变形样式是文字图层的一个属性，用户可以随时更改图层的变形样式以更改变形的整体形状。变形选项使用户可以精确控制变形效果的取向及透视。变形文字的步骤如下。

（1）选择文字图层。

（2）执行下列操作之一。

✓　选择文字工具，并在选项栏中单击变形按钮。

✓　选取【图层】|【文字】|【文字变形】命令。

（3）弹出如图 3-183 所示的"变形文字"对话框，

图 3-183　"变形文字"对话框

从"样式"下拉列表中选取一个选项。

（4）选择变形效果的取向，"水平"或"垂直"。

（5）如果需要，为其他变形选项指定值。

✓ "弯曲"选项：指定对图层应用的变形程度。

✓ "水平扭曲"和"垂直扭曲"选项：对变形应用透视。

（6）变形后的效果如图 3-184 所示。

图 3-184　文字变形扇形后的效果

取消文字变形的方法如下。

（1）选择已应用了变形的文字图层。

（2）选择文字工具，然后单击选项栏中的变形按钮，或者选取【图层】|【文字】|【变形文字】命令。

（3）在【变形文字】对话框中的【样式】下拉列表中选取【无】，并单击"确定"按钮即可。

3.6.3.7　基于文字创建工作路径

基于文字创建工作路径使用户得以将字符作为矢量形状处理。工具路径是出现在【路径】面板中的临时路径。基于文字图层创建工作路径之后，就可以像任何其他路径那样存储和操作该路径。但不能将此路径中的字符作为文本进行编辑。原文字图层中的文字保持不变并可编辑。

要基于文字创建工作路径，选择文字图层，并选取【图层】|【文字】|【创建工作路径】即可，如图 3-185 所示。

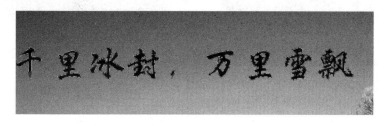

图 3-185　创建文字工作路径

3.6.3.8　将文字转换为形状

要将文字转化为形状，选择文字图层，并选取【图层】|【文字】|【转换为形状】命令即可。

在使用横排文字蒙版工具或直排文字蒙版工具时，创建一个文字形状的选区。文字选区出现在现用图层中，并可像任何其他选区一样被移动、拷贝、填充或描边。创建文字选框的方法如下。

- ✓ 选择希望选区出现在其上的图层。为获得最佳效果，应在正常图像图层上而不是文字图层上创建文字选框。
- ✓ 选择横排文字蒙版工具或直排文字蒙版工具。
- ✓ 设置文字选项，并在某一点或在定界框中输入文字。
- ✓ 文字选框出现在图像的先用图层上。

上 机 实 训

（1）打开如图 3-186 所示的图形，书写如图 3-187 所示的文字。

💡 **提示**　打开如图 3-186 所示的图形，用魔棒工具选区；新建一个文件，设置如图 3-186 所示的背景色，并粘贴梅花；书写如图 3-187 所示的文字。

图 3-186　　　　　　　　　　　　　　　　图 3-187

（2）使用素材图 1，制作效果图 1。

素材图 1　　　　　　　　　　　　　　　效果图 1

（3）使用素材图 1 和素材图 2，制作所示效果图 2。

素材图 1

素材图 2

效果图 2

本 章 小 结

本章主要介绍关于选区工具、绘图工具、路径、文字处理等方面的内容，介绍了各种选区工具、绘图工具的基本使用方法和操作技巧。同时对各种工具的参数设置和作用做了详细的介绍。

通过本章学习，学习者可具备以下能力：**掌握 Photoshop 常用工具的基本操作方法；熟悉 Photoshop 常用工具的快捷键；会运用 Photoshop 常用工具制作各种效果的图像。**

习 题

一、填空题

1. 选取矩形选框工具后，按下_____键进行选区，可以选取出一个正方形的选区范围，而使用_____可以选出三角形的选区范围。

2. 在使用椭圆选框工具进行选区时，如果按下_____键拖动则可以选取一个以起点为中心的圆形。

3. 在使用磁性套索工具选区的过程中，如果要取消选区，除了可以使用【Esc】键外，还可以按下_____键来取消。

4. 魔棒工具的容差默认设置值为_____。

5. 在工具箱中用于创建和编辑路径的工具组有_____，_____，_____。

6. 要将路径中的平滑点转换成角点，应选择的工具是_____。

7. 锚点共有两种类型，即_____锚点和_____锚点。

8. 使用钢笔工具和形状工具可以创建三种不同类型的对象。它们是_____、_____和_____。

9. 按下_____组合键，可将路径隐藏。隐藏路径后，图像中已看不到路径，但在"路径"面板中，路径名称仍然以蓝色显示。

10. 要显示 Brushes 面板，可以按_____键，或者选择 Windows 菜单中的_____命令。

11. 使用背景橡皮擦工具擦除图像后，其背景色将变成_____。

12. _____工具用于调整图像饱和度。

4

色调和色彩的调整

本章导读

Photoshop 提供了完善的色彩和色调的调整功能，使用它们可以快速方便地控制图像的颜色和色调。色彩和色调的控制是编辑图像的关键，有效地控制图像的色彩和色调，对图像的颜色即合成效果做细微的调整和综合设置，才能制作出高质量的图像。Photoshop 设置了丰富的图像颜色控制命令，这些命令集中在主菜单【图像】|【调整】命令菜单下。

重点和难点

- ☑ 图像色彩调整。
- ☑ 图像取样、变形与图案制作。
- ☑ 滤镜组。

4.1 图像色调调整

4.1.1 色阶命令

直方图可用作调整图像基本色调的直观参考。打开图像，选择【窗口】|【直方图】命令可看到图像的色调分布情况。单击调板窗口的小三角▶，可以打开如图所示的调板菜单，从中可以设置直方图的视图模式，有三种视图方式。

✓ **紧凑视图**：为默认视图，只显示直方图，如图 4-1 所示。

✓ **扩展视图**：不仅显示直方图，还有控制选项和统计信息，如图 4-2 所示。

✓ **全部通道视图**：在扩展视图基础上，再显示每个颜色通道的直方图，如图 4-3 所示。

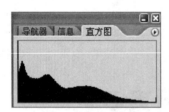

图 4-1 直方图调板

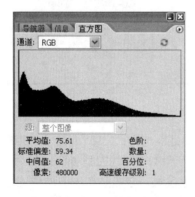

图 4-2 直方图扩展视图

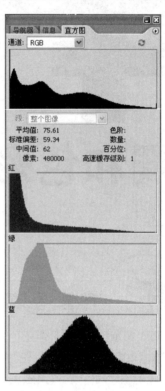

图 4-3 全部通道视图

直方图是用图形表示图像的每个颜色亮度级别的像素数量，展示像素在图像中的分布情况，即在暗调、中间调和亮调（高光）中所包含像素的分布情况。直方图的长度表示从左边的黑色到右的白色 256 种亮度，直方图的高度表示此亮度的像素数量。各参数的含义如下。

● **通道**：选择查看的颜色通道。

● **平均值**：图像或选定区域的平均亮度值。

● **标准偏差**：图像色谱曲线值的变化范围。

● **中间值**：图像或选定区域亮度的中间值

● **像素**：图像所含像素数量。

● **色阶**：光标所在位置或选定区域内的色阶。

- **数量**：光标所在位置或选定区域内的像素数量。
- **百分比**：光标所在位置或选定区域内的像素所占图像总像素的百分比。
- **高速缓存等级**：数据高速缓存的预设级别，数值越大，直方图实现越快，但是对于高分辨率图像信息的准确性会越差。

利用【色阶】命令可通过调整图像的暗调、中间和高光的强度级别，校正图像的色调范围和色彩平衡。选择【图像】|【调整】|【色阶】命令或按【Ctrl+L】快捷键，将打开【色阶】命令对话框，如图 4-4 所示。部分颜色被删除，而仅仅保留 256 种颜色，同时产生一个【色阶】直方图。此操作不仅可以对整个图像进行，也可以对图像的某一选区范围、某一图层图像或某一个颜色通道进行。

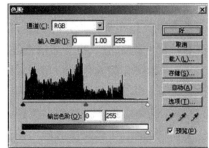

图 4-4 【色阶】命令对话框

使用【色阶】命令可以调整图像中的明、暗和中间色彩，既可用于整个彩色图像，也可在每个彩色通道中进行调整。【色阶】对话框中的图示表示了图像每个亮度值所含像素的多少，最暗的像素点在左边，最亮的像素点在右边。"输入色阶"用于显示当前的数值，"输出色阶"用于显示将要输出的数值。

各参数的含义如下。

- **通道**：在此选项里可选择要进行色阶调整的颜色通道。
- **输入色阶**：可以通过分别设置最暗处、中间色和最亮处的色调值来调整图像的色调和对比度。有 3 种方法可以设置。

（1）**直接在数字框内输入数字** 左框设置最暗点，如填入 50，表示色调值 50 为最暗，则原图像色调值在 0～50 范围的像素都将变成黑色，图像也因此变暗；右边框如设置为 200，表示色调值 200 的像素为最亮，则原图像中色调值在 200～255 范围的所有像素都变为白色，图像也由此变亮。如图 4-5 所示。中间数字框用于扩大或缩小图像中间色调的范围，初始值为 1.00。输入大于 1 的数，将扩大中间色的范围，这样能使中间色调占很大比例的图像产生较小的对比度和较多的细节。输入小于 1 的数，将缩小中间色调的范围，这样会增大图像对比度，图像细节会减少。输入数字范围必须在 0.10～9.99 之间。

图 4-5 改变输入色阶后图像的变化

（2）**拖动图中的三角滑块** 左边滑块相当左边数字框，将该滑块右移，会使图像变暗，可使图像亮部细节增加；右边滑块相当于右边数字框，将滑块左移，会使图像变亮，使图像暗部细节增加；中间滑块相当于中间数字框。

（3）**使用吸管工具调整** 在【色阶】对话框的右下方有黑、灰、白三个吸管，选择一个吸管再将鼠标移到图像窗口中，鼠标指针变成相应的吸管形状，此时单击鼠标左键即可进行色调调整。这样可以把当前取样点的值作为色阶调整的参考点（最暗点、灰平衡点、最亮点）。

- **输出色阶**：通过输出色阶的设置，可以减小图像的对比度。它有两个数字框与两个调节滑块。与输入色阶正好相反，增大左边数字框数值或将下面滑块右移，图像将变亮；减小右边数字框数值或将下面滑块左移，图像将变暗。
- **存储和载入色阶**：可以将当前所作色阶设置保存，供以后使用，也可调入以前的色阶设置进行调整，一般情况下，每个要处理的图像调整数值均不会相同，所以此处用处不大。
- **自动**：单击"自动"按钮，将对图像作自动色阶调整。
- **预览**：勾选此复选框，在调整时能随时从图像窗口中看到调整后的效果。

在调整过程中，如发现调整效果不满意，只要按下【Alt】键，对话框右边的"取消"按钮就会自动变为"复位"按钮，点击后就回到初始状态，可重新开始调整。此方法对调整命令里所有对话框都有效。

4.1.2 曲线命令

与【色阶】命令类似，利用【曲线】命令也可调整图像的色调。但【色阶】仅对亮部、暗部和中间灰度进行调整，而【曲线】允许调整图像色调曲线上的任一点上可以校正图像，也可以产生特殊效果。同时，也可以使用【曲线】命令对图像中的个别颜色通道进行精确调整。因此【曲线】命令比【色阶】命令可以做更多、更精密的设置。选择【图像】|【调整】|【曲线】命令或按【Ctrl+M】快捷键，将打开【曲线】对话框，刚打开时曲线是对角线，表示输入色阶等于输出色阶，即未调整，如图4-6所示。

改变网格中的曲线形状即可调整图像的亮度、对比度和色彩平衡等。网格中的横坐标表示输入色调（原图像色调），纵坐标表示输出色调（调整后的图像色调），变化范围都在0～255。网格右下角的两个工具按钮 和 可用于绘制曲线。

曲线区水平色条带为横坐标，表示原始图像中像素的亮度分布（输入色阶），从左到右分为4格，依次为暗调（黑）、1/4色调、中间色调、3/4色调、高光（白）。竖直色条带为纵坐标，表示调整后图像中像素的亮度分布（输出色阶）。调整前的曲线是一根45度的直线，意味着所有像素的输入与输出亮度相同。

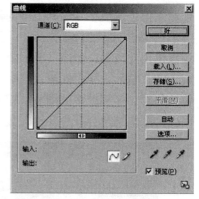

图4-6 【曲线】命令对话框

调整时可通过改变曲线的形状达到调整目的，具体调整操作方法有曲线工具与铅笔工具两种。

4.1.2.1 曲线工具

这是系统默认的方法，刚打开的【曲线】对话框窗口下面的曲线工具" "处于下凹状态，表示选中了曲线工具。用鼠标在曲线区中直线上移动时，下面"输入"与"输出"将显示该点坐标，在确定的输入位置上按下鼠标将直线下拉成一个下凹的曲线，这时输出数减小，图像变亮；如上拖则曲线变为上凸，输出数增加，图像变暗，如图4-7所示。同时曲线上点中的地方会出现一个黑色小点，表示该点被锁定，此时还可以对曲线其他地方上拖或下移进一步修改曲线形状，以调整图像的色调。要移动锁定点，只需将鼠标移至该点上，当光标变成十字箭头状时即可移动它。

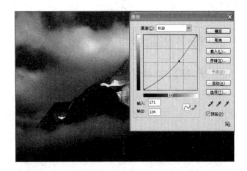

图4-7 改变曲线方向使图像变亮或变暗

4.1.2.2 铅笔工具

用鼠标点击对话框下面的铅笔按钮"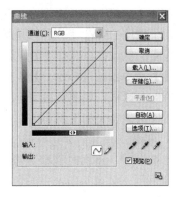"使其下凹，就可启用铅笔工具了。此时鼠标在曲线区将呈现铅笔形状，可以根据需要将直线绘制成曲线，甚至可以绘制不连续的曲线。单击对话框中的"平滑"按钮，可改变铅笔工具绘制的曲线平滑度，多次单击按钮会使曲线更加平滑，最后接近于直线。如图4-8所示右图是在左图铅笔绘制的基础上，两次按下"平滑"按钮的结果。

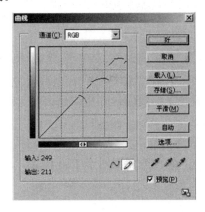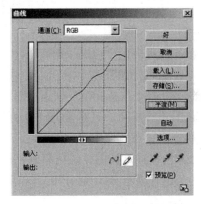

图4-8 用铅笔工具绘制不连续曲线及平滑后的效果

另外，按下【Atl】键，用鼠标在曲线区点击一下，原来的坐标线由4格变为10格，见图4-9，有利于对图像做精确调整。如按下【Atl】键，再点击一下曲线区，将恢复到系统默认的4格。单击曲线网格下方的色谱条，可以将曲线的显示单位在百分比和像素值之间转换，转换数值显示方式的同时也会改变亮度的变化方向。在缺省状态下，色谱带表示的颜色是从黑到白，从左到右输入值逐渐增加，从下到上输出值逐渐增加。当切换为百分比显示时，则黑白互换位置，变化方向刚好与原来相反。

图4-9 按【Alt】键点击曲线区能增加坐标线

4.2　图像色彩调整

4.2.1　色彩平衡命令

【色彩平衡】命令用于调整图像的色彩平衡，只用于复合颜色通道。对于普通的色彩校正，【色彩平衡】命令更改图像的总体颜色混合。它只是粗略调整，若要精确调整图像中各色彩的成分，还需曲线或色阶命令配合。选择【图像】|【调整】|【色彩平衡】命令或按【Ctrl+B】快捷键，打开"色彩平衡"对话框，如图 4-10 所示。

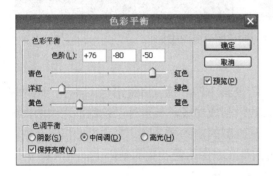

图 4-10　色彩平衡对话框和调整后的色彩

具体操作如下。

- ✓ 对话框下半部分的"色调平衡"中，"暗调""中间调""高光"，选择可针对图像的不同色调部分进行调整。
- ✓ （可选）选择"保持亮度"以防止图像的亮度值随颜色的更改而改变。该选项可以保持图像的色调平衡，只对 RGB 图像有效。
- ✓ 将滑块拖向要在图像中增加的颜色；或将滑块拖离要在图像中减少的颜色。

颜色条上方的值显示红色、绿色和蓝色通道的颜色变化（对于 Lab 图像，这些值代表 a 和 b 通道值的范围可以从-100 到+100）。

4.2.2　色相/饱和度命令

利用【色相/饱和度】命令可调整图像中单个颜色成分的色相、饱和度和亮度。此命令尤其适用于微调 CMYK 图像中的颜色，以便它们处在输出设备的色域内。选择【图像】|【调整】|【色相/饱和度】命令或按【Ctrl+U】快捷键，打开"色相/饱和度"对话框，如图 4-11 所示。

各参数的含义如下。

- **编辑**：选择所要进行调整的颜色范围，当选择"全图"时，将同时调整图像中所有颜色；如选择其他单色，只调整所选颜色的色相、饱和度与亮度。

【注意】此时下面的吸管工具变为可用，对话框

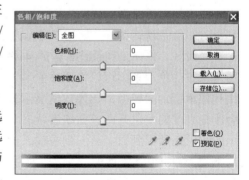

图 4-11　"色相/饱和度"对话框

下面的颜色也会发生变化，见下面介绍。

● **色相滑杆**：移动该滑杆上滑块或在后面框中输入数字，可调整色相（即颜色），数字值范围为-180～+180。

● **饱和度滑杆**：移动该滑杆上滑块或在后面框中输入数字，可调整饱和度，数字值范围在-100～+100。饱和度为-100时，图像去色为灰度。

● **明度滑杆**：移动该滑杆上滑块或在后面框中输入数字，可调整明度（即亮度），范围在-100～+100。

● **颜色条**：在对话框底部有两根颜色条，上面一根显示调整前的颜色；下面一根显示调整后在全饱和度状态下所有色相。

● **吸管**：当选择单色时，3个吸管方才可用。选择普通吸管（左起第一个）可以具体编辑所调色的范围，选择带"+"号的吸管可以增加所调色的范围，选择带"-"号吸管则能减少所调色范围。

● **着色**：勾选此复选框，将给图像进行单色着色，可生成单色图效果。

如图4-12所示，左图为调整前的图，整个画面颜色偏红，对全图的色相进行一些调整，使照片中的森林又呈现一片郁郁葱葱景象。

图4-12 "色相/饱和度"对话框

4.2.3 亮度/对比度命令

该命令主要用于调节图像的亮度和对比度，对图像中的每个像素都进行相同的调整（即线性调整）。选择【图像】|【调整】|【亮度/对比度】，将打开对话框，如图4-13所示。

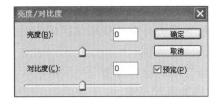

图4-13 "亮度/对比度"对话框

它只有"亮度"与"对比度"两个调节滑杆，滑块右移，亮度（或对比度）调大，左移调小。它们在调节过程中不考虑原图像不同色调区的亮度与对比度的差异，对图像所有色调区的像素都一视同仁，所以调节简单，但不够精确。如图4-14所示。

图 4-14　亮度/对比度调整前后的效果

4.2.4　阴影/高光命令

【阴影/高光】是 Photoshop 的调整命令，它能分析出图像中过暗或过亮部分的细节，通过调整合适的参数，能将它们完整地展现出来。【阴影/高光】命令适用于校正由强逆光而形成剪影的照片，或者校正由于太接近相机闪光灯而有些发白的焦点。在用其他方式采光的图像中，这种调整也可用于使阴影区域变亮。【阴影/ 高光】命令不是简单地使图像变亮或变暗，它基于阴影或高光中的周围像素（局部相邻像素）增亮或变暗。正因为如此，阴影和高光都有各自的控制选项。默认值设置为修复具有逆光问题的图像。选择【图像】|【调整】|【阴影/高光】，将打开"阴影/高光"对话框，如图 4-15 所示。

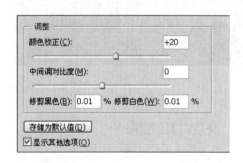

图 4-15　"阴影/高光"对话框

各参数含义如下。
- **阴影**：拖动下面"数量"滑块可以改变暗调区域的明亮程度，数值越大，暗调区域也越亮，同时该区域细节就更加展现出来。
- **高光**：拖动下面"数量"滑块可以改变高光区域的明亮程度，数值越大，高光区域也就越暗，同时该区域细节就更加展现出来。
- **色调宽度**：用来控制暗调或高光中色调的修改范围。向左移动滑块会减小色调宽度值，向右移动滑块则增加该值。较小的值会限制只对较暗区域进行"暗调"校正的调整，只对较亮区域进行"高光"校正的调整。色如果为给定图像指定的值过大，则可能会在深暗到亮色的边缘周围产生晕圈。默认设置尝试减少这些人为因素。这些晕圈可能会在"暗调"或"高光"的"数量"值太大时出现；通过缩小这些值也可以减少它们。

- **半径**：控制每个像素周围的局部相邻像素的大小，该大小用于确定像素是在暗调还是在高光中。向左移动滑块会指定较小的区域，向右移动滑块会指定较大的区域。最好将半径设置为与图像中所关注焦点的大小大体相等。试用不同的"半径"设置，以获得焦点对比度和与背景相比的焦点的级差加亮（或变暗）之间的最佳平衡。

- **颜色校正**：允许在图像的已更改区域中微调颜色。此调整仅适用于彩色图像。如果增加暗调的"数量"滑块，则会将原图像中较暗的颜色显示出来。如果希望这些颜色更鲜明或更暗淡，可通过调整色彩校正滑块来获取最佳效果。通常情况下，值越大，生成的颜色越饱和；值越小，生成的颜色越不饱和。

- **中间调对比度**：调整图像中间调的对比度。向左移动滑块会降低对比度，向右移动会增加对比度。也可以在右边文本框中输入一个值。负值会降低对比度，正值会增加对比度。在增加中间调对比度的调整量时，除会增加中间调的对比度外，同时会使暗调更暗、使高光更亮。

- **修剪黑色和修剪白色**：指定会将图像中的多少暗调和高光剪切到新的极端暗调（色阶为 0）和高光（色阶为 255）的颜色。值越大，生成的图像的对比度越大。在将剪切值设置得太大时一定要格外小心，因为这会将强度值剪切并发送到纯黑或纯白，从而导致暗调或高光中的细节减少。

4.2.5　照片滤镜

　　【照片滤镜】是 Photoshop 的调整命令，它可以模仿在照相机镜头前面加一块传统的光学滤镜，以调整图像的色调，使具有暖色调或冷色调，也可以根据实际情况自定义其他色调。选择【图像】|【调整】|【照片滤镜】，将打开"照片滤镜"对话框，如图 4-16 所示。

　　各参数含义如下。

图 4-16　"照片滤镜"对话框

- **滤镜**：在其下拉列表框里可选择系统预设的各种光学滤镜，包括加温滤镜（85）、加温滤镜（81）、冷却滤镜（80）、冷却滤镜（82）及红色、橙色、黄色等共 18 种模拟光学滤镜可供选用。

- **颜色**：单击右边的色块可弹出拾色器，自定义一种光学滤镜的颜色进行调整。

- **浓度**：用来设置光学滤镜作用的强度，可通过移动下面的滑杆或直接在右边数字框中输入数字来设定。

- **保留亮度**：启用此选项，可保持调整过程中图像亮度不变。

　　如图 4-17 所示，为使用照片滤镜"冷却滤镜 82"前后的效果。

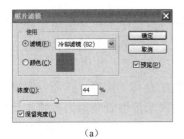

　　　（a）　　　　　　　　　　（b）　　　　　　　　　　（c）

图 4-17　使用"照片滤镜"前后的不同效果

4.2.6 变化

使用【变化】命令可以方便直观地调整图像的色彩平衡、对比度和饱和度。此命令对于不需要进行色彩精确调整的平均色调图像最实用。选择【图像】|【调整】|【变化】将打开"变化"对话框，如图 4-18 所示。

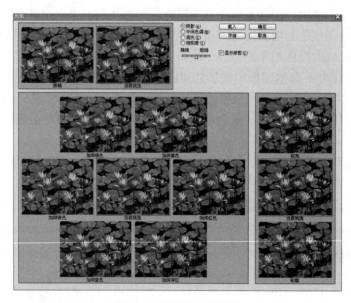

图 4-18 "变化"对话框

在对话框顶部有两张缩略图，左边为处理前原图，右边为调整后缩略图。下面的缩略图分别为"加深绿色""加深黄色"等，用鼠标在上面点按一下，就为图像添加了显示的颜色，在顶部调整后缩略图中可以看到效果。右下部为"较亮""较暗"等缩略图，点按"较亮"，可为图像加亮，在顶部同样可以预览。

在顶部中间有 4 个单选框，即"较暗""中间色调""高光""饱和度"，用来选择要调整的区域或项目。下面的滑杆如果右移（即移向"粗糙"端），将加大每次点击缩略图的调整量，左移（即移向"精细"）端，则减少每次点击的调整量。

认为效果满意后，按最右上角的"确定"按钮，即可将当前的效果应用到被处理的图像。右上角的另三个按钮，即"载入""保存"与"取消"按钮，分别为载入预置的效果文件；将当前效果存盘保存，以供下次使用时载入；取消操作，返回 Photoshop 工作桌面。

4.2.7 图像总体快速调整

（1）【自动色阶】 使用【自动色阶】命令可以方便地对图像中不正常的高光或阴影区域进行初步处理。执行"自动色阶"命令或按【Shift+Ctrl+L】快捷键，系统就自动对当前激活的图像窗口里的图像进行自动色阶调整，无对话框出现。

（2）【自动对比度】 该命令自动调整 RGB 图像中颜色的总体对比度，该命令不调整个别通道，所以不会引入或消除色偏。该命令将图像中最亮和最暗的像素映射为白色和黑色，使高光显得更亮而暗调显得更暗。执行【自动对比度】命令或按【Alt+Shift+Ctrl+L】快捷键，系统就自动对当前激活的图像窗口里的图像进行自动对比度调整，无对话框出现。

（3）【自动颜色】　该命令通过搜索实际图像（而不是通道的用于暗调、中间调和高光的直方图）来调整图像的对比度和颜色，可设置对齐中性中间调，并剪切白色和黑色极端像素。执行【自动颜色】命令或按【Shift+Ctrl+B】快捷键，系统就自动对当前激活的图像窗口里的图像进行自动色彩调整，无对话框出现。

4.2.8　特殊用途的色调色彩调整

4.2.8.1　反相

该命令使图像产生负片效果，本命令无对话框。使用【反相】命令可以转换图像的颜色，如黑变白或白变黑等，它是唯一不丢失颜色信息的命令。如图4-19所示。也就是说，用户可再次执行该命令来恢复图像。处理过程中，可以使用该命令创建边缘蒙版，以便向图像的选定区域应用锐化和其他调整。

图4-19　执行反相前后的对比效果

4.2.8.2　去色

该命令能去除图像中的色彩信息，相当于执行【色相/饱和度】命令，将饱和度调到-100时的效果，将彩色图像转换为灰度图像，但图像的颜色模式保持不变，这与执行【图像/模式/灰度】命令是不同的。

4.2.8.3　色调均化

该命令能自动重新分配图像中像素的亮度值，使它们能更均匀地表现所有亮度级别。该命令无对话框。【色调均化】将重新映射复合图像中的像素值，使最亮的值呈现为白色，最暗的值呈现黑色，而中间的值则均匀地分布在整个灰度中。当扫描的图像显得比原稿暗，并且想平衡这些值以产生较亮的图像时，可以使用【色调均化】命令。

4.2.8.4　阈值

该命令可以将当前图像转变为高对比度的黑白图像，可以指定某一亮度值为阈值，高于该阈值的像素全部变为白色，低于该阈值的像素全部变为黑色，其对话框只有"阈值色阶"一个调节滑杆。如图4-20所示。

4.2.8.5　色调分离

该命令可为图像每个通道定制亮度级别，然后将像素亮度级别映射到图像。此命令对一些色彩贫乏的图像可产生某种特殊效果，若用于人物照片，会产生色斑效果，"色阶"数越小，色斑越大，图像越粗糙。在照片中创建特殊效果，如创建大的单调区域时，此命令非常有用。如图 4-21 所示。当减少灰色图像中的灰阶数量时，它的效果最为明显，但它也会在彩色图像中产生有趣的效果。如果想在图像中使用特定数量的颜色，请将图像转换为灰度并指定需要的色阶数。然后将图像转换回以前的颜色模式，并使用想要的颜色替换不同的灰色调。

图 4-20　阈值对话框及效果　　　　　　图 4-21　"色调分离"对话框及效果

4.2.8.6　匹配颜色

该命令将一个图像（源图像）的颜色与另一个图像（目标图像）中的颜色相匹配。当尝试使不同照片中的颜色保持一致，或者一个图像中的某些颜色（如皮肤色调）必须与另一个图像中的颜色匹配时，此命令非常有用。除了匹配两个图像之间的颜色以外，【匹配颜色】命令还可以匹配同一个图像中不同图层之间的颜色。【匹配颜色】命令仅适用于 RGB 模式。如果是 CMYK 模式或其他模式，应先转换为 RGB 模式。

分别打开 2 个素材图像文件 bird.jpg 和 butterfly. jpg（素材图片\第 4 章\bird.jpg 和 butterfly. jpg）。选中图片 bird.jpg，选择【图像】|【调整】|【匹配颜色】，将打开对话框，如图 4-22 所示。

图 4-22　匹配颜色对话框及效果（右上为原图，右下为匹配颜色后的效果）

各主要参数含义如下。

- **目标**：使用匹配颜色的目标文件。
- **亮度**：拖动滑块可以增加或减少目标图层的亮度。
- **颜色强度**：移动颜色强度滑块，可调整目标图像的色彩饱和度。右边文本框中最大值是 200，最小值是 1（生成灰度图像），默认值是 100。
- **渐隐**：移动渐隐滑块可控制应用于图像的调整量。
- **中和**：选择此选项可自动移去目标图像中的色痕。
- **源**：在此可选择要与目标颜色相匹配的源图像。本例将源设置为 butterfly.jpg。
- **图层**：使用图层列表框下拉菜单可选取要匹配其颜色的图层。如果要匹配所有图层的颜色，还可以从列表框下拉菜单中选取"合并的"。
- **应用调整时忽略选区**：选择该选项可忽略源图像中的选区并使用整个源图像中的颜色来计算调整。
- **使用源选区计算颜色**：选择此选项，在匹配颜色时仅对源文件选区中的图像有效，选区以外的颜色不计算入内。
- **使用目标选区计算调整**：如果只使用目标图层中选定区域的颜色来计算调整，可在"图像统计"区域中选择"使用目标选区计算调整"选项。如果要忽略选区并使用整个目标图层中的颜色来计算调整，可取消选择该选项。

4.2.8.7 替换颜色

该命令可以创建蒙版，以选择图像中的特定颜色，然后替换那些颜色。可以设置选定区域的色相、饱和度和亮度。或者，可以使用拾色器来选择替换颜色。由【替换颜色】命令创建的蒙版是临时性的。选择【图像】|【调整】|【替换颜色】，将打开对话框，如图 4-23 所示。

各参数的含义如下。

- **选区**：选区下"颜色容差"调节滑杆，可设置选择替换颜色的容差大小。选区下窗口是一片漆黑，这是由于尚未选择颜色缘故，黑窗口下有"选区"与"图像"两个单选框，系统默认为"选区"，选区图像就在该窗口中出现，以白色表示；若选择"图像"，窗口中则出现当前图像。
- **吸管工具**：吸管工具有 3 个，并排放在界面左上角，首先用左边第一个普通吸管工具，在图像中点一下图像中鸟，这时在窗口里就出现鸟的大致形状，然后再用带"+"号的吸管工具在图像中继续点取对话框中尚未现出的鸟体部分，直到鸟体在对话框黑色窗口中全部现出。如果窗口中现出的区域超出我们要修改的部分，可用带"-"号吸管工具去点取多选部分进行修改。
- **替换**：替换区里有"色相""饱和度""明度"三个调节滑杆，调节它们可以对窗口中显示的车体部分进行色相、饱和度与亮度的更改。滑杆右边的色块显示修改时的颜色。如图 4-23 所示，将色相调到+107，饱和度调到+56，明度不变，按"确定"按钮，就将鸟体由原来的颜色修改为红色。

4.2.8.8 可选颜色

可选颜色是一种在高终端扫描仪和一些颜色分离程序中使用的技术。它能选择性地改变某一种主色调的某种印刷色的含量，而不影响该印刷色在其他主色调中的表现，从而对图像

进行颜色校正。选择【图像】|【调整】|【可选颜色】，将打开对话框，如图 4-24 所示。

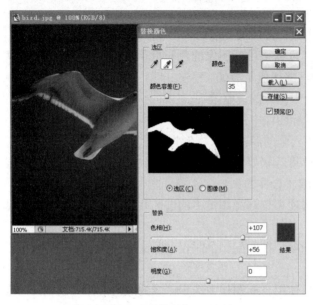

图 4-23 "替换颜色"对话框   图 4-24 可选颜色对话框

各参数的含义如下。

- **颜色**：可选择校正的主色调，有红、黄、绿、青、蓝、洋红、白、中性色、黑 9 种。
- **调节滑杆**："青色""洋红""黄色""黑色" 4 个调节滑杆，左移减少其成分，右移增大。
- **方法**：有增加与减少每种颜色的相对改变量（即"相对"）和绝对改变量（即"绝对"）可选。

4.2.8.9 渐变映射

该命令能将渐变色彩映射到当前图像，其结果为当前图像中最暗色调映射为渐变色中最暗色调，将图像中最亮色调映射为渐变色的最亮色调，用渐变映射命令有时可以创造出梦幻般的色彩效果。选择【图像】|【调整】|【可选颜色】，将打开对话框，如图 4-25 所示。

各参数的含义如下。

- **灰度映射所用的渐变**：点击下面渐变色条右边的箭头" ▾ "可下拉出系统预设的渐变样式库，从中可选择喜爱的渐变色彩进行映射。如对系统预设的渐变色不满意，可单击渐变色条即弹出以前介绍的"渐变编辑器"，对渐变色进行编辑。
- **仿色**：可使图像色彩产生抖动处理，效果会柔和些。
- **反向**：启用该选项可使图像产生负片效果。

4.2.8.10 通道混合器

该命令可以通过从每个颜色通道中选取它所占的百分比来创建高品质的灰度图像。还可以创建高品质的棕褐色调或其他彩色图像。使用【通道混合器】，还可以进行用其他颜色调整工具不易实现的创意颜色调整。选择【图像】|【调整】|【通道混合器】，将打开对话框，如图 4-26 所示。

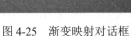
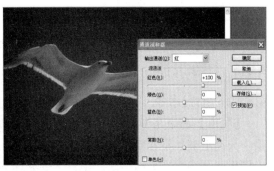

图 4-25　渐变映射对话框	图 4-26　通道混合器对话框

各参数的含义如下。

- **输出通道**：选择一个要混合的通道，对 RGB 模式图像有红、绿、蓝 3 个可选，对 CMYK 模式图像，则有青色、洋红、黄色与黑色 4 个可选。
- **源通道**：有通道调节滑杆组成，RGB 模式图像，有红色、绿色与蓝色 3 个滑杆，CMYK 图像则有 4 个调节滑杆。通过调节可以增大或减小该通道颜色对输出通道的影响。调节范围为-200～+200，负值的含意是将源通道先反相，再加到输出通道。
- **常数**：用来改变加到输出通道上的颜色通道的不透明度，负值相当于加上黑色通道，正值为加上白色通道。
- **单色**：启用此选项，最后创建的为一个只包含灰度信息的彩色图像。

4.3　滤镜

滤镜来源于摄影中的滤光镜，应用滤光镜可以改善摄影图像和创造特殊的摄影效果。Photoshop 中的滤镜不但同样可以达到上述目的,而且现实摄影技术中还没有那一种滤光镜能与 Photoshop 中滤镜相媲美，应用"滤镜"菜单下提供的命令，可以创作出令人惊叹的艺术作品。

Photoshop 中文版滤镜菜单提供 13 类 100 多种不同的内建滤镜。在处理图像时使用滤镜效果，可以为图像加入各类纹理、变形、艺术风格和光线等特效。Photoshop 中文版滤镜菜单分为四大部分：

第一部分"上次滤镜操作"位于菜单的最上部，如果未启用过任何滤镜命令，该项为灰色不可用，如果执行了一次滤镜命令后，该项命令变为可用，执行该命令或按【Ctrl+F】快捷键则对图像再进行上一次的滤镜操作；

第二部分"抽出""滤镜库""液化"和"图案生成器" 4 个命令，"滤镜库"可以累积应用滤镜，并应用单个滤镜多次；

第三部分位于菜单中部，是 Photoshop 内建滤镜，设有像素化、扭曲、杂色等共 13 大类，每类滤镜组下又有许多子命令；

第四部分为菜单的最下部，"Digimarc（数字水印）"为作品保护，可以读取图像中的水印或写入水印，但此命令只有注册用户才能使用。此外如果你安装了第三方厂商为 Photoshop 开发的外挂滤镜如 Eye Candy、Alen Skin、KPT 等，其滤镜名称将在该部分显示。

图像如果处于位图、灰度或索引模式下，将不允许使用滤镜。此外在 CMYK、Lab 色彩模式下，有些滤镜也不可使用。此时可将图像转变为 RGB 模式，所有滤镜均可使用。

4.3.1　图像取样、变形与图案制作

4.3.1.1　抽出命令

【抽出】命令是专为抠图而设计的一种功能，用它可以轻松地将一个前景对象从它的背景中分离出来。不管要抠的对象其边缘是多么纤细、复杂，都可以用该命令，辅以最少的手工操作就能将它完美地抠出。用该命令处理某图层时，最好将该图层复制一个，然后在副本层上操作，因为一旦"抽出"后，该图层只剩下所需抠的图形。

选择菜单栏中的【滤镜】|【抽出】命令或按快捷键【Alt+Ctrl+X】，即弹出图 4-27 所示的【抽出】对话框。

对话框中间是一个预览区域，它显示当前打开文件的操作图层，目的是将图像中蝴蝶抠出，使它与背景分离。在窗口的左上方有一列工具小图标。第一个工具为边缘高光器，选中它就可以在预览窗口描绘需抠蝴蝶的边缘。可通过窗口右侧的"工具选项"栏中的"画笔大小"决定描边时使用的笔刷大小，而"高光"和"填充"两个选项决定用何种颜色表示预览窗口中描出的边界和填充的区域。然后就可沿蝴蝶边缘描绘，并保证描出的颜色同时覆盖图像中需要处理的前景和背景。对于翅膀、触角等前景、背景分界不是很明显的区域，应该在前景融合到背景的位置描边。对于前景、背景界线分明的部分，可以使用粗一点的笔刷，而对于前、背景界线比较模糊的部分，可使用尺寸小一点的笔刷。

图 4-27　"抽出"对话框

位于左边工具栏中第三个位置的是橡皮擦工具。如果对前一步骤中描绘的边界不满意，可以用这个工具将它擦除后重描。倒数第二个位置是缩放工具，可以用来放大显示预览区域中的图像，按住【Alt】键后再使用该工具可以将预览区域中显示的图像缩小。倒数最后一个为抓手工具，用它可移动预览区域显示的图像。

定义好"抠图"的边界后，就可使用工具栏中第二个位置的填充工具对图像中需要保留的部分进行填充。此时右上角"确定"与"预览"两按钮方能可用，一般应先按下"预览"按钮对抽出效果进行预览。预览效果满意后，可按对话框右上角的"确定"按钮，即完成将

狮子从背景中抠出，如果还有不完善的地方，可以用"历史记录画笔工具"和"橡皮擦工具"做一些修改，最后效果见图4-28。

4.3.1.2 液化技巧

用液化工具处理图像时，能使图像中的像素像流体一样产生流动效果，有点类似 Kai's Power Goo，利用它提供的工具可以轻松制作出扭曲、旋转、膨胀、萎缩、移位和镜像变形等效果。但此工具不能处理索引颜色、位图和多通道模式的图像。执行【滤镜】菜单下【液化】命令，或按【Shift+Ctrl+X】快捷键即可打开液化工具的设置对话框，如图4-29所示。

图4-28 "抽出"蝴蝶的效果

4.3.1.3 图案生成器

利用【图案生成器】命令，可以使制作无缝平铺图案变得简单直观。使用该命令前，Photoshop 工作桌面上必须要有打开的图像文件。执行"滤镜/图案生成器"命令或按快捷键【Alt+Shift+Ctrl+X】，即可打开"图案生成器"对话框，如图4-30所示。

图4-29 液化对话框及"旋转"工具效果

图4-30 图案生成器对话框及生成图案效果图

4.3.2 滤镜组

（1）**像素化滤镜组**：该组滤镜能将图像分成小块，使图像在视觉上由许多单元格组成。

子菜单中包含彩块化、彩色半调、晶格化、点状化、碎片、铜板雕刻、马赛克 7 个滤镜。

（2）**扭曲滤镜组**：该滤镜组能按照各种方式在几何意义上对图像产生扭曲变形，如模拟水波、挤压等，共有 13 个滤镜，分别为波浪、切变、扩散亮光、挤压、旋转扭曲、极坐标、水波、波纹、海洋波纹、玻璃、球面化、置换、镜头校正等。

（3）**杂色滤镜组**：由 5 个滤镜组成，分别为中间值、减少杂色、去斑、添加杂色、蒙尘与划痕等。

（4）**模糊滤镜组**：是图像处理中使用频率较高的一种滤镜，通过削弱图像中相邻像素的对比度来达到柔化和模糊效果。这组滤镜中【进一步模糊】与【模糊】命令在图像处理过程中无对话框出现，【进一步模糊】滤镜产生的效果要比【模糊】滤镜强 3～4 倍左右。该滤镜组一共有动感模糊、平均、形状模糊、径向模糊、方框模糊、模糊、特殊模糊、表面模糊、进一步模糊、镜头模糊、高斯模糊 11 个子滤镜。

（5）**渲染滤镜组**：为一组常用的滤镜组，能产生特殊的效果，有 5 个子滤镜。

● **云彩**：使用【云彩】命令可以根据前景色与背景色在画面中生成类似于云彩的效果，此命令没有对话框，每次使用此命令时，所生成画面效果都会有所不同。

● **光照效果**：使用【光照效果】命令可绘制出多种灯光纹理效果，此命令是非常重要一个命令，但是它只能用于图像。

● **分层云彩**：使用【分层云彩】命令可以根据当前图像颜色产生与原图像有关的云彩效果。

● **纤维**：使用【纤维】命令可以根据前景色与背景色在画面中生成类似纤维的效果，此命令没有对话框，每次使用此命令时，所生成画面效果都会有所不同。其原理与【云彩】命令相似。

● **镜头光晕**：使用【镜头光晕】命令可以使图像产生摄像机镜头的眩光效果。

（6）**画笔描边滤镜组**：包括喷溅、喷色描边、墨水轮廓、强化的边缘、成角的线条、深色线条、烟灰墨、阴影线 8 个子滤镜。

（7）**素描滤镜组**：包括便条纸、半调图案、图章、基底凸现、塑料效果、影印、撕边、水彩画纸、炭笔、炭精笔、粉笔和炭笔、绘图笔、网状、铬黄 14 组子滤镜。

（8）**纹理滤镜组**：包括拼缀图、染色玻璃、纹理化、颗粒、马赛克拼贴、龟裂缝 6 组子滤镜。

（9）**艺术效果滤镜组**：包括塑料包装、壁画、干画笔、底纹效果、彩色铅笔、木刻、水彩、海报边缘、海绵、涂抹棒、粗糙蜡笔、绘画涂抹、胶片颗粒、调色刀、霓虹灯光 15 组子滤镜。

（10）**视频滤镜组**：有 2 组子滤镜。**NTSC 颜色滤镜**可以将图像转化成为电视可以接收的信号颜色；**逐行滤镜**可以将图像中异常的交错线清除，从而达到光滑图像的效果。

（11）**锐化滤镜组**：能够使图像锐化清晰，包括锐化、智能锐化、锐化与进一步锐化、锐化边缘 4 组子滤镜。

（12）**风格化滤镜组**：包括扩散、拼贴、曝光过度、查找边缘、浮雕效果、照亮边缘、等高线、风等子滤镜。

（13）**其他滤镜组**：Photoshop 还提供位移、最大值、最小值、自定、高反差保留 5 组子滤镜。

上 机 实 训

实训 1　图像色彩色调调整

　　色彩校正在图像的处理中是非常重要的一项内容。色彩校正包括对色调进行细微的调整，改变图像的对比度和色彩等。打开一幅背景图片 villa.jpg（素材图片\第 4 章\villa.jpg），该图色调偏亮，图像对比度不强，而且还有一点偏色。如图所示。可以先后利用【图像】|【调整】菜单下的色阶、对比度和色彩平衡来调节。如图 4-31、图 4-32 所示。

图 4-31　通过色阶命令调节色调

图 4-32　图像对比度和色彩的调节

实训 2　制作梦幻效果

　　用 Photoshop 来给风景照片添加柔焦的梦幻效果，主要用到模糊滤镜和曲线、色相调整。

　　（1）打开一幅背景图片 shulin.jpg（素材图片\第 4 章\shulin.jpg），按【Ctrl+J】复制"背景"层，然后选择【滤镜】|【模糊】|【高斯模糊】数值为 5，把图片混合模式改为"变亮"。如图 4-33 所示。

图 4-33　运用模糊滤镜和图层模式"变亮"

（2）依次选择【图像】|【调整】|【色阶】或按快捷键【Ctrl+M】调整色阶，通过直方图发现缺乏高光，图像较暗，将输入色阶改为223，如图4-34所示。

（3）选择【图像】|【调整】|【色相/饱和度】或按快捷键【Ctrl+U】调节色相/饱和度，如图4-35所示。合并图层，得到最终效果图，如图4-36所示。改变色相值可得到不同效果，如图4-37。

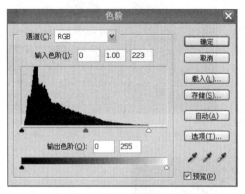

图 4-34　色阶调整对话框

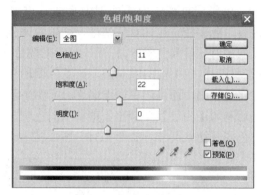

图 4-35　色阶调整对话框

图 4-36　最终效果图

图 4-37　改变色相可得到不同效果

实训 3　制作玻璃砖墙材质

绘制装修效果图的时候往往要设计玻璃砖墙，而这些玻璃砖墙通常是通过贴图来实现的。其实完全可以用 Photoshop 从无到有地打造一堵自己的玻璃砖墙的材质图。

（1）新建一个 600×600 的正方形画布，并设置前景色为黑色、背景色为白色。依次选择【滤镜】|【渲染】|【云彩】，为图像添加（黑白）云彩效果。应用滤镜将产生随机纹理，每次应用滤镜的效果不尽相同。如图 4-38 所示为 4 次应用云彩滤镜的效果。

（2）依次选择【滤镜】|【扭曲】|【玻璃】菜单命令，打开"玻璃"对话框，如图 4-39 所示。设置"扭曲度"为 15，"平滑度"为 3，"纹理"为"块状"，"缩放"为 54。

图 4-38　云彩滤镜效果

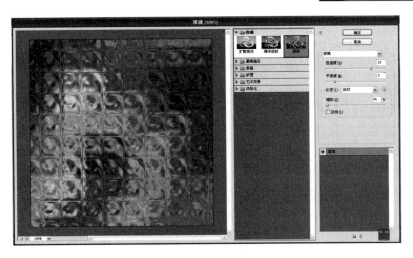

图 4-39 "玻璃"对话框

（3）用【色相/饱和度】为玻璃砖墙设置满意的颜色，本例设置参数如图 4-40。则最终效果完成，如图 4-41 所示。

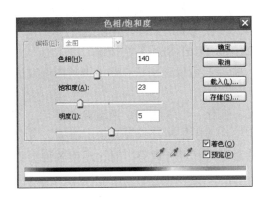

图 4-40 "色相/饱和度"对话框

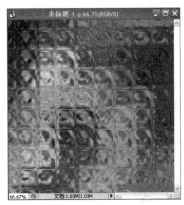

图 4-41 最终效果图

本 章 小 结

本章主要介绍了 Photoshop 色调色彩调整的基础知识和具体调整方法，重点是图像色阶曲线调整、色彩平衡调整及一些特殊用法，通过本章的学习，要掌握图像色彩色调的控制和细微调整。另外本章还简单介绍了各个内置滤镜的功能，重点掌握"抽出命令"和渲染滤镜组的功能和用法。由于色彩涉及的内容较多，滤镜种类繁多，功能复杂，要多在实践中加以理解掌握。

习 题

一、填空题

1. _____是用图形表示图像的每个颜色亮度级别的像素数量，展示像素在图像中的分布情况。

2.＿＿＿＿＿命令可以通过调整图像的暗调、中间调和高光等强度级别，校正图像的色调范围和色彩平衡，其快捷键为＿＿＿＿。

3．使用＿＿＿＿＿命令可将一幅彩色图像或灰度图像转换成只有黑白两种色调的高对比度的黑白图像。

4．选择【图像】|【调整】菜单下的＿＿＿＿＿命令可自动调整图像的明暗度，去除图像中不正常的高亮区和黑暗区，＿＿＿＿＿命令可替换图像中某个特定范围的颜色。

二、选择题

1．模仿在相机的镜头前放置彩色滤光片来调整色彩平衡的是＿＿＿＿。

　　A．渐变映射　　　B．照片滤镜　　　C．色调均化　　　D．色调分离

2．使用非常广泛的色调控制方式，它的功能和【色阶】相同但比【色阶】精确的是＿＿＿命令。

　　A．色阶　　　　　B．去色　　　　　C．阈值　　　　　D．曲线

3．快速打开"色彩平衡"调整命令对话框的快捷键是（　　　）。

　　A．【Ctrl+A】键　　　　　　　　B．【Ctrl+U】键

　　C．【Ctrl+B】键　　　　　　　　D．【Ctrl+Shift+A】键

4．使用"曲线"调整命令时，要想使曲线区坐标以 10 格精细方式显示，其方法是（　　　）。

　　A．按住【Ctrl】键，点曲线区　　　B．按住【Shift】键，点曲线区

　　C．按住【Alt】键，点曲线区　　　D．按【Ctrl+Shift】快捷键

5．选择【图像】|【调整】菜单下的＿＿＿命令，可以让用户直观地调整图像或选区范围图像的色彩平衡、对比度和饱和度。

　　A．反相　　　　　B．色调分离　　　C．变化　　　　　D．通道混合器

三、操作题

1．打开一幅图像，然后使用各种色彩调整命令对其进行调整，对比观察各种参数对调整效果的影响。

2．打开配套素材库 car.jpg 文件（素材图片\第 4 章\car.jpg），用替换颜色命令将图片中汽车车壳由黄橙色改为深红色（打开"替换颜色"对话框，颜色容差设为 40，用吸管工具点击车壳，然后"添加到取样"工具在图像中继续点取对话框中尚未现出的车壳部分，直到需要更改颜色的车壳部分在对话框黑色窗口中全部为白色。调整色相和饱和度使车壳颜色变为深红色）。

5

图层的应用

本章导读

　　本章介绍图层的基础知识和图层的操作与应用，包括图层创建、图层的移动、图层的删除、调整图层顺序、锁定图层、图层的链接与合并以及图层样式等相关应用技巧，只有熟练地掌握这些操作，才能掌握 Photoshop 其他更深入的功能，从而使制作出来的作品更具有特色。

重点和难点

☑　图层的操作。

☑　图层样式的相关应用技巧。

5.1 图层基础知识

图层是 Photoshop 处理图像的灵魂，在 Photoshop 中执行的所有操作都离不开图层。一幅用 Photoshop 制作的作品往往由多个图层合并而成。任何复杂的图形都是由很多简单的对象组合在一起的，这些对象可能分布在同一图层上，也可能在不同的图层上。图层上有图像的部分可以是透明或不透明的，而没有图像的部分一定是透明的。如果图层上没有任何图像，透过图层可以看到下面的可见图层。

在 Photoshop 中引入图层非常便利。通过图层可以将图像中各个元素分层处理及保存，使图像的编辑处理具有很大的弹性和操作空间。它使图像易于修改，随意对图层中的对象进行移动、复制或添加特效等操作，极大地提高了后期修改的便利度。另外，调整图层、填充图层和图层样式这样的特殊功能可用于创建复杂效果，使作品更加生动。

5.1.1 图层的分类

在 Photoshop 中，图层主要有背景层、普通层、文本层、形状层、样式层、填充层、调节层、蒙版层几大类，运用不同的图层产生的图像效果也各不相同。

✓ **背景层**：相当于绘画时最下方的不透明纸。背景层不是必须存在的，在 Photoshop 中只有一个背景层，且永远处在最下方。双击可将背景层转化为普通层。新打开的 BMP、JPG 等格式图像文件，是没有活动图层的，其图层结构只有"背景层"。

✓ **普通层**：最基本的图层类型，新建的层都是普通层，这种图层是透明无色的，好像是一张透明纸，可以在上面任意绘制和擦除。

✓ **文本层**：利用文字工具在图像文件中输入文字后，系统会自动创建一个新的图层，即文本层，文本图层的预览缩图有一个文本标志"T"。

✓ **形状层**：使用工具箱上的钢笔工具或图形工具创建，分两部分：一个为图层缩览图；一个为剪切路径，可对其进行栅格化。

✓ **样式层**：为当前图层上的对象添加图层样式（如斜面和浮雕、投影、发光、阴影以及描边等）后，图层名称的右侧出现一个（样式层）图标。

✓ **填充层**：一类填充有实色或渐变或图案的特殊图层，其特殊之处在于无法使用普通的方法对其进行编辑与修改，除非将其栅格化为普通图层，其优点在于可随时根据需要调整填充的渐变、实色或图案的效果。

✓ **调节层**：一类能够不破坏图像的像素就改变像素色调的特殊图层，在需要改变图像的色调或明暗、色相时养成以调整图层的形式进行调节是一个比较好的习惯。

✓ **蒙版层**：为当前图层加一个蒙版，使图像的相应位置产生透明效果。

5.1.2 图层调板

"图层"调板是 Photoshop 软件中一个相当重要的控制面板，它的主要功能是显示当前图例的所有图层、组和图层效果及其"不透明度"等参数的设置，以方便设计者对图像的组合一目了然，并方便对图像进行调整。还可以使用"图层"调板来显示和隐藏图层、创建新图层以及处理图层组。要显示"图层"调板，请选择【窗口】|【图层】或按快捷键【F7】。图层调板如图 5-1 所示。

详细的参数说明如下。

● 图层的混合模式 正常 ▼："图层混合模式"选项是制作特殊效果的有效方法之一，它可以将图层中的图像制作出各种不同的混合效果，内有 23 种模式可供选用。在用渐变工具、仿制图章工具等作画时，其选项栏里混合模式还多了"背后"一种；启用画笔工具、铅笔工具等其选项栏中"模式"在 23 种基础上还多了"背后"与"清除"2 种，现逐一介绍这 25 种混合模式。

图 5-1　"图层"调板

（1）**正常模式**：是系统默认模式，也是一个图层的标准模式。上层完全覆盖下层，不和下层发生任何色彩混合。

（2）**溶解模式**：溶解模式产生的像素颜色源于上下混合颜色的色彩叠加，与像素的不透明度有关。

（3）**变暗模式**：考察每一通道的颜色信息及相混合的像素颜色，选择较暗的作为混合的结果。颜色较亮的像素会被颜色较暗的像素替换，而较暗的像素不会发生变化。

（4）**正片叠底模式**：考察每个通道里的颜色信息，并对底层颜色进行正片叠加处理，这样混合产生的颜色总比原来的要暗些。

（5）**颜色加深模式**：让底层的颜色变暗，有点类似于正片叠底，但不同的是，它会根据叠加的像素颜色相应增加底层的对比度。和白色混合没有效果。

（6）**线性加深模式**：类似于正片叠底，通过降低亮度，让底色变暗以反映混合色彩。和白色混合没有效果。

（7）**变亮模式**：和变暗模式相反，比较相互混合的像素亮度，选择混合颜色中较亮的像素保留起来，而其他较暗的像素则被替代。

（8）**滤色模式**：查看每个通道的颜色信息，并将混合色的互补色与基色复合，结果色总是较亮的颜色。用黑色过滤时颜色保持不变。用白色过滤将产生白色。

（9）**颜色减淡模式**：与颜色加深刚好相反，通过降低对比度，加亮底层颜色来反映混合色彩。与黑色混合没有任何效果。

（10）**线性减淡模式**：类似于颜色减淡模式，但是通过增加亮度来使得底层颜色变亮，以此获得混合色彩。与黑色混合没有任何效果。

（11）**叠加模式**：加强当前图层的亮度与阴影区域，使当前图层产生变亮和变暗的效果。

（12）**柔光模式**：变暗还是提亮画面颜色，取决于上层颜色信息。产生的效果类似于为图像打上一盏散射的聚光灯。

（13）**强光模式**：正片叠底或者是屏幕混合底层颜色，取决于上层颜色。产生的效果就好像为图像应用强烈的聚光灯一样。

（14）**亮光模式**：通过增加或减小对比度来加深或减淡颜色，具体取决于混合色。如果混合色（光源）比 50% 灰色亮，则通过减小对比度使图像变亮。如果混合色比 50% 灰色暗，则通过增加对比度使图像变暗。

（15）**线性光模式**：通过减小或增加亮度来加深或减淡颜色，具体取决于混合色。如果混合色（光源）比 50% 灰色亮，则通过增加亮度使图像变亮。如果混合色比 50% 灰色暗，则通过减小亮度使图像变暗。

（16）**点光模式**：根据混合色替换颜色。如果混合色（光源）比 50% 灰色亮，则替换比混合色暗的像素，而不改变比混合色亮的像素。如果混合色比 50% 灰色暗，则替换比混合色亮的像素，而不改变比混合色暗的像素。这对于向图像添加特殊效果非常有用。

（17）**实色混合模式**：根据上下图层中图像的颜色分布情况，取两者的中间值，对图像中相交的部分进行填充，利用该模式可以制作出对比非常强烈的色块效果。

（18）**差值模式**：根据上下两层颜色的亮度分布，对上下像素的颜色值进行相减处理。例如用最大值白色来进行差值运算，会得到反相效果（下层颜色被减去，得到补值），而用黑色的话不发生任何变化（黑色亮度最低，下层颜色减去最小颜色值0，结果和原来一样）。

（19）**排除模式**：创建一种与"差值"模式相似但对比度更低的效果。与白色混合将反转基色值。与黑色混合则不发生变化。

（20）**色相模式**：决定生成颜色的参数有底层颜色的明度与饱和度、上层颜色的色调。

（21）**饱和度模式**：决定生成颜色的参数，包括底层颜色的明度与色调和上层颜色的饱和度。按这种模式与饱和度为0的颜色混合（灰色）不产生任何变化。

（22）**颜色模式**：决定生成颜色的参数，包括底层颜色的明度、上层颜色的色调与饱和度。这种模式能保留原有图像的灰度细节。这种模式能用来对黑白或者是不饱和的图像上色。

（23）**亮度模式**：决定生成颜色的参数，包括底层颜色的色调与饱和度、上层颜色的明度。该模式产生的效果与颜色模式刚好相反，它根据上层颜色的明度分布来与下层颜色混合。

在使用画笔、铅笔、渐变、仿制图章等工具作画时，其绘制色彩与底图色彩的混合模式还有"背后"与"清除"2种。

（24）**背后模式**：只能对图层的透明区域进行编辑。该种模式只有在图层条上方的"锁定透明像素"按钮不启用时才有效。

（25）**清除模式**：任何编辑都会使像素透明化。这种模式和画笔的颜色无关，只和笔刷的参数有关。该模式对形状工具、油漆桶工具、画笔工具、铅笔工具、填充命令和描边命令都有效。

- 不透明度 不透明度: 100% ▸ ：控制整个图层的不透明度（既包括图层固有像素也包括图层混合选项如投影等图像的不透明度）。在不透明度为100%时，这个图层将会完全遮住下面的图层。若不透明度为0，则相当于这是一个完全透明的图层。不透明度的数值越小，图像越透明，该图层下面的图层越清晰，反之越模糊。灵活调整图层的不透明度，不仅可以制造出某些特殊效果，而且可以为处理下一层的图像带来一定的方便。

- 填充 填充: 100% ▸ ：调节图层固有像素的不透明度。

- 锁定 锁定: ▢ ✐ ✛ 🔒 ：锁定图层是为了防止误操作，Photoshop 提供了四种锁定方式。

（1）锁定透明像素 ▢ ：锁定当前图层的透明区域，操作只对不透明区域进行。在选定的图层的透明区域内无法使用绘图工具绘画，即使经过透明区域也不会留下笔迹。

（2）锁定编辑（像素）✐ ：锁定后将不能进行图形绘制等相关操作，以防止对图层中图像的错误绘制或者修改。

（3）锁定位置 ✛ ：锁定后图像将不能被移动。

（4）锁定全部 🔒 ：锁定后将不能对当前层进行任何操作，既无法绘制，也无法移动。

- 图层条 👁 🖼 图层 1 ✏ ：图层条最前面的眼睛图标 👁 表示该图层可见，可用来用于显示或隐藏图层，不显示眼睛图标时表示这一层中图像是被隐藏的，反之表示这一层图像是显示的。将鼠标移至图层调板上，光标会变成小手状，在该图标上点击，眼睛图标就变为灰色，该层在图像窗口中就不可见。图层显示颜色为蓝色，表示该层为当前操作层，此时用各种工具或命令进行修改，操作结果将发生在当前的操作图层上。如果该图层采用了图层样式，还会显示样式图标 🌣。

- 显示与隐藏图层 👁：用鼠标单击眼睛图标就可以切换显示或隐藏状态，注意当某个图层隐藏时，将不能对它进行任何编辑。
- 链接层 🔗：当链接框中显示链接条图标时，表示这一层与当前作用层链接在一起了，这样就可以跟当前作用层一起移动、变形等。
- 样式 🌣.：单击此图标就会弹出图层样式的对话框，在这个对话框中可以为当前作用图层的图像制作各种样式效果。
- 蒙版 ◨：可为当前层添加一个蒙版（可结合选区创建）。
- 调节层 🌓.：用来控制和调整图层的色彩和色调，如【曲线】【色阶】【色彩平衡】等命令制作的动作效果，单独存放到某个图层中，调整和修改图像时不会直接影响和改变原始图像。用户可以随时删除调节层，任意调整图像显示效果。建立后将对下层图像的色调、明暗程度等的调整。
- 图层组 ◻：利用图层组工作时，便于对繁杂众多的图层进行有序的管理。
- 创建新图层 ▣：单击此图标就可以创建一个新图层，如果用鼠标把某个图层拖曳到这个图标上就可以复制该图层。
- 删除图层 🗑：单击该图标可将当前选中的图层删除，用鼠标拖曳图层到该按钮图标上也可以删除图层。

要使用"图层"调板菜单，请点按调板右上角的三角形 ▷，它包含了用于处理图层的所有命令。

缩览图在图层调板中可以直观地显示各个图层中的内容，以便查找和操作图层。可以单击图层调板右上角的菜单选项按钮 ▷，在"图层调板选项"对话框中，如图 5-2 所示。可以选择无、小、中、大四种缩览图，默认是小缩览图。也可以在图层调板空白区域或缩览图上单击右键更改缩览图大小。

图 5-2　更改"缩览图大小"对话框

5.2　图层的操作

5.2.1　创建图层及图层组

在 Photoshop 新建图像时，如果背景内容选择白色或背景色，那么新图像中就会有一个背景层存在，并且有一个锁定的标志 🔒（如图 5-3），无法更改背景的堆叠顺序、混合模式或不透明度。但是，可以将背景转换为常规图层。如果背景内容选择透明，图像则没有背景图层，会出现一个名为图层 1 的层（如图 5-4）。

选择【图层】|【新建】|【图层】命令，或按快捷键【Shift+Ctrl+N】，也可以创建新图层，但会弹出"新建图层"对话框，如图 5-5 所示。在此对话框中设置适当"名称""颜色""模式"和"不透明度"等参数和选项，可以新建一个普通图层。另外在"图层"调板中点按"创建新图层"按钮 ▣，也能创建一新图层。

图 5-3　新建背景图层

图 5-4　背景层转化为普通图层

图 5-5　"新建图层"对话框

各参数说明如下。

- **名称**：能给新图层命名自己喜爱的名称。
- **颜色**：能给图层条前方（即眼睛图标和画笔图标处）添加自己喜爱的颜色，有红、橙、黄、绿、蓝、紫、灰等几种颜色可选，对于一些复杂的图像处理时，使用不同颜色的图层条显示将有利于编辑操作。选择"无"，则图层条用默认的灰色显示。
- **模式**：选择该图层与下层的色彩混合模式。
- **不透明度**：设置该图层的不透明程度。

建好图层后，如果只更改图层名称，在图层调板中图层名称处双击即可更改。在图层调板中按着【Alt】键双击该图层中的缩略图，或者执行菜单中的【图层】|【图层属性】命令，就会出现图层属性对话框，如图 5-6 所示。可以更改图层名称和颜色。颜色标记的作用是使图层调板中的图层看起来更加突出。

图 5-6　"图层属性"对话框及更改图层名称、颜色

图层调板中每一个图层缩览图前面都有一个图标👁。单击某图层图标👁，该图标消失，该图层中的所有图像都不见了，这就是隐藏图层。再单击该图层图标👁，该图标显示，该图层中的所有图像又恢复原貌。隐藏图层便于保护不需要修改的图层或暂时关掉某些还不想彻底删掉的图层，从另一个角度来说，便于修改被隐藏图层所遮挡的图层。

"图层组"即将若干图层组成一组，在图层组中的图层关系比链接的图层关系更密切，

基本上与图层的关系相差无几。选择【图层】|【新建】|【组】命令，或者选择"图层"控制面板弹出菜单中的【新建组】，在弹出的【新建组】对话框中设置适当的参数及选项后，都可以创建图层组，这时"图层"控制面板中会出现类似于文件夹的图标，可以用鼠标拖动图层或组将其放入新的图层组中。如图 5-7 所示，图层 2 和图层 3 位于组 1 中。和普通图层相同，双击组的名称可以修改组名，按住【Alt】键双击蓝色区域将会出现组属性对话框，可以在其中更改名称和组颜色。

图 5-7 "新建图层组"对话框及组 1

选中图层组，即使组中的各图层没有链接关系，它们也可以被一起移动、变换、删除、复制、隐藏、更改不透明度。但是注意必须选中图层组而不是单独选择组中的图层。如果要将图层移出图层组，方法就是从图层组中拖出选中的图层，但要注意拖动到的正确位置。

5.2.2　图层的转换、复制和删除

选中"背景层"，在"图层"调板中点按两次"背景层"，会出现"新建图层"对话框，能够将背景层转化为普通图层，或者在图层调板中选择"普通图层"，选取【图层】|【新建】|【背景图层】，也可将普通图层转化为背景图层。

复制图层可以在当前的图像文件中完成，也可以将当前图像文件的图层复制到其他打开的图像文件或新建的文件中。选择【图层】|【复制图层】命令，弹出"复制图层"对话框，如图 5-8 所示。

图 5-8 "复制图层"对话框

选中图层后按快捷键【Ctrl+J】也能复制图层，但不会弹出"复制图层"对话框。由于复制的图层与原图层是一模一样的，它们在图像中互相重叠，所以在图像窗口中看不到效果，但只要用工具箱里的移动工具"图标"将此两图层左右移开些，就可以看到错开的效果。如图 5-9 所示。

图 5-9 "复制图层"对话框

选中要删除的图层，使其成为当前的操作图层，执行【图层】菜单里的【删除图层/图

层】命令或点按图层调板底的垃圾桶按钮""，即弹出对话框，按"是"钮，图层即被删除；按"否"钮，放弃操作返回桌面。快捷删除的方法是用鼠标按住要删除的图层条不放，将其直接拖到调板最下面的垃圾桶图标，即"删除图层"按钮""后再松手，该图层即被删除。

5.2.3　调整图层的叠放次序

图像中的图层是按照一定的顺序叠放在一起的，图层叠放的顺序不同所产生的图像效果也不完全相同，因此在图像处理的过程中，经常会需要调整图层的叠放顺序。

在【图层】控制面板中将需要调整叠放顺序的图层向上或向下拖曳，此时【图层】控制面板中会有一线框跟随鼠标移动，当线框调整至适当位置后，释放鼠标，当前图层即会调整至释放鼠标的图层位置。或者选择"图层"|"排列"命令可以弹出"排列"命令子菜单，可以完成对图层叠放顺序的调整，该子菜单选项有：**置为顶层**，快捷键为【Shift+Ctrl+] 】；**前移一层**，快捷键为【Ctrl+]】；**后移一层**，快捷键为【Ctrl+[】；**置为底层**，为【Shift+Ctrl+[】。

5.2.4　图层的链接与合并

在图像处理过程中，如果想要对多个图层同时移动或缩放，通常会对这些图层进行链接或合并处理。选择一个或多个需要链接的图层，点击图层调板下方的链接按钮，在每个选中的图层右边都会带有一个链接标志，如图 5-10 所示。如果要取消各个图层间的链接，再点击一下链接按钮即可。多个图层链接以后，无论用移动工具移动哪一个图层，其余的图层都会随之移动。

合并图层可以减少文件所占用的磁盘空间，同时可以提高操作速度。下面介绍几种合并图层命令的含义。

图 5-10　"复制图层"对话框

- **向下合并**　执行【向下合并】命令，或按快捷键【Ctrl+E】，可将当前图层与下面一层图层进行合并。先选择图层顺序在上方的层，使其与位于下方的图层合并，进行合并的图层都必须处在显示状态，合并以后的图层名称和颜色标记，沿用位于下方的图层的名称和颜色标记。

- **合并链接图层**　在当前图层与其他图层有链接关系时，上述【向下合并】命令就变为【合并链接图层】，执行该命令时，就将所有与当前图层有链接关系的图层都与当前图层合并，快捷键也为【Ctrl+E】。

- **合并可见图层**　执行该命令或按【Shift+Ctrl+E】快捷键，就将图层调板里所有眼睛图标打开的图层与当前图层合并，处于隐藏状态的图层则保持不变。

- **拼合图层**　是将所有的图层合并为背景层，如果有隐藏的图层，拼合的时候会出现提示框，如果选择确定，处于隐藏状态的图层将都被丢弃。

5.2.5　图层的移动、对齐和分布

在图层调板中选中图层，被选中的图层显示蓝色，再使用移动工具移动，在图像中拖动即可，按住【Shift】键可以保持水平、竖直或呈 45 度方向。选择移动工具拖动选定图层上的图像，按键盘上的上下左右箭头键可将对象微移 1 个像素。按住【Shift】键同时按键盘上的上下左右箭头键可将对象微移 10 个像素。对图层的任何操作都是先必须选中图层，如进行变

换、绘画、填充等，要随时注意当前进行操作的图层是否正确。

移动工具"⊕"不但能移动图层，而且还能选择图层、对图层进行变换、对齐与分布等操作。它的选项栏选项如图 5-11 所示。

图 5-11　移动工具的选项栏

- **自动选择图层**　不启用该选项时，用移动工具只能对当前层的图像进行上下左右移动操作。勾选该复选框，用移动工具可以自动选择图层，如果用它在图像窗口里点取图层 1 里的图像时，当前层自动转为图层 1；当点取图层 2 里的图像时，当前层自动转为图层 2。但它不能自动选择全空的透明图层。建议初学者不要勾选此项。

- **显示变换控件**　勾选此项，可在图像窗口中显示该图层像素的矩形边界范围。按快捷键【Ctrl+T】也会显示变换控件。在边界范围线上有 8 个句柄，将鼠标移至句柄处可以任意缩放变换图像的大小，在四角的句柄处如按下【Shift】键可进行按比例的缩放。在四角句柄附近外光标将变成双圆箭头，可对图层进行旋转变换。也可用鼠标去移动矩形中间的旋转中心"⊕"的位置，双击鼠标后，变换即被确认。

在显示定界线框后，如果用鼠标移动或旋转线框的句柄后，工具选项栏就会变为

通过它可对图层大小作精确的定量缩放、旋转或倾斜变换。

- **对齐与分布按钮**　在选项栏的右边有 4 组小按钮，它们分别是对齐与分布按钮。当图层调板里有链接图层时，前面 2 组对齐按钮方才可用。如果有链接关系的图层数在 3 个或 3 个以上，所有对齐与分布按钮全部可用。

第一组对齐按钮"⫿⊹⬛"，其功能使链接关系图层进行垂直对齐，依次为向上对齐、居中对齐、向下对齐。

第二组对齐按钮"⫿⬥⫿"，其功能使链接关系图层进行水平对齐，依次为向左对齐、居中对齐、向右对齐。

第一组分布按钮"⬚⬚⬚"，其功能使链接关系图层进行垂直方向分布，依次为按顶分布、垂直居中分布、按底分布。

第二组分布按钮"⫿⫿⫿"，其功能使链接关系图层进行水平方向分布，依次为按左分布、水平居中分布、按右分布。

如图 5-12 所示，有链接关系图层按照不同的对齐方式具有不同的效果。

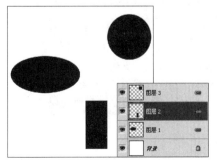

图 5-12　垂直居中对齐的分布效果

5.2.6 创建填充图层和调整图层

在 Photoshop 中，除了可以利用图层样式制作特殊效果，还可以通过创建填充图层和创建调整图层及图层蒙版（图层蒙版详见第 6 章）制作特效。如图 5-13 所示。

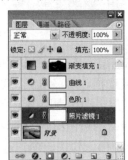

图 5-13　不同类型的填充图层和调整图层类型

新填充图层能为图像增添新的填充图层，并自动为填充图层添加"显示全部"蒙版。新增填充图层的方法是执行"图层"菜单下的"新填充图层"命令，下面有【纯色】【渐变】【图案】三个子菜单。可以分别为图像增添单色、渐变色和图案三种填充图层，其操作方法相同。创建填充图层，还可以通过点击图层调板底部的"![图标]"钮，在弹出菜单中可选择【纯色】【渐变】或【图案】等填充图层。

【图层】菜单里【新调整图层】是可以为图像中某一图层前添加一层图像调整层，并为该层添加"显示全部"蒙版。【图层】菜单下【新调整图层】命令有 11 个子菜单，它几乎包含了【图像】|【调整】下所有图像调整命令，各命令的用法和第四章完全一致。

调整图层的最大好处是它不需要更改图像本身的像素，就能对下层的颜色与色调进行调整，好像给原图层蒙上一层面纱一样，透过它可看到调整后的效果。在需要改变图像的色调或明暗、色相时养成以调整图层的形式进行调节是一个比较好的习惯。由于调整图层带有"显示全部"蒙版，可以用黑笔涂抹，被涂抹的地方将不出现调整效果，从而在不修改原图层的情况下对图像局部区域得到调整目的。

值得注意的是，当接受了调整图层的所有变值后，该图层之下的所有图层都会受该调整图层参数的影响，做出相应的改动。如果要使调整图层仅对其下的一层有效，可以按住【Alt】键，然后把鼠标移动到调整图层和其下的那层中间（分隔线上），稍过一会，等鼠标变成两个互相重叠的圆时，按下鼠标键。这样就能使调整图层之下的那一层成为效果的掩模层，会出现图标![图标]，换句话说，调整图层的效果只会应用到其下的那一层上去了。如图 5-14 所示。

图 5-14　按【Alt】键更改调整图层的作用类型

双击调整图层就可以重新修改各命令参数。在调整层上做修改时，白色区域会受特效的影响，黑色区域不会受特效的影响，而灰色区域则会部分地受特效的影响。如果要将调整图层和紧邻其下的图像图层合并，可以在图层调板右边的弹出示菜单中选择【向下合并】命令即可实现，或在【图层】菜单下选择【向下合并】命令即可实现。

5.3 图层的效果

5.3.1 样式调板

在应用时可以直接在"样式"控制面板中套用已有的样式（图 5-15 所示），也可执行菜单【图层】|【图层样式】命令或单击图层调板上的添加图层样式按钮，从下拉菜单中选择相应的命令，可以打开图层样式对话框，如图 5-16 所示，为图层添加许多效果。

图 5-15　样式控制面板及应用

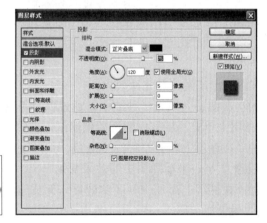

图 5-16　图层样式对话框

详细的参数说明如下。

● **投影效果**　不论是文字、按钮还是边框等，加上阴影效果会顿时产生立体感。因此阴影效果用的比较频繁，Photoshop 提供了 2 种阴影效果，分别为"投影"和"内阴影"。这 2 种阴影效果的区别在于：投影是在图层对象背后产生阴影；而内阴影则是在图层对象边缘以内产生一个图像阴影，使图层具有内陷外观。

打开图层样式对话框，选中投影样式，可以给图层添加一个阴影效果，如图 5-16 所示，有以下参数。

（1）**混合模式**：选定投影的混合模式，右侧的颜色框，单击可打开拾色器选择投影颜色。

（2）**不透明度**：数值越大，投影颜色越深。

（3）**角度**：指光照的角度，用来设定亮部和阴影的方向，阴影方向会随角度变化而变化。

（4）**使用全局光**：所产生的光源作用于同一张图像中的所有图层。

（5）**距离**：这个选项控制阴影离开图层的距离，数值越大，距离越远。

（6）**扩展**：数值越大，阴影越宽。

（7）**大小**：对阴影产生柔化效果。调节数字大小，将会使阴影产生一种从实到虚的效果。

（8）**杂色**：调节数字大小，可以使投影逐渐增加斑点效果。

（9）**轮廓线**：可以选择已有的阴影轮廓应用于投影。

● **外发光**　打开图层样式对话框，选中外发光这个选项，对话框中的混合模式和不透明度，还有杂色、扩展、大小用法参考前面的部分。

● **斜面和浮雕**　打开图层样式对话框，选中斜面和浮雕这个选项，各参数如下。

（1）**样式**：这里的样式和以前的样式不是一个类型，它的下拉列表有外斜面、内斜面、浮雕效果、枕状浮雕、描边浮雕。

（2）**方法**：下拉列表中有三个选项，分别是平滑、雕刻清晰和雕刻柔和。平滑得到的图层效果的边缘比较圆滑。雕刻清晰产生的图层效果边缘变化比较尖锐，比较明显，它所产生的效果立体感特别强。

（3）**深度**：其数值越大，则得到的图层效果颜色越深，反之越浅。

（4）**方向**：如果选择上，则亮部在上面，反之则亮部在下面。

（5）**大小**：控制图层效果面积的大小。

（6）**软化**：数值越大，其图层效果边缘过渡越柔和。

（7）**斜面和浮雕**：该选项可以添加纹理。在图案列表中选择合适的图形。缩放，可以通过调节数值的大小，来调节图案纹理的大小。深度，可以通过调节数值的大小，来调节图案纹理的深度。

● **光泽**：在图层上产生一种光泽效果。

● **颜色叠加**：在图层上填充一种纯色，通过调节不透明度的数值大小，使这种纯色透明，仿佛在这个图层上罩了一层有色的透明玻璃纸，使这个图层产生一种奇妙的效果。

● **渐变叠加**：在图层上填充一种渐变颜色，从渐变颜色条上选择一种渐变颜色，通过调节不透明度的数值大小，来增加图层的效果变化。

● **图案叠加**：在图层上添加一种图案效果，调节缩放的数值大小，调节不透明度的数值大小，使图层效果更加丰富。

● **描边**：在图层边缘进行描绘，通过调节像素的数值大小，控制描边的宽度，选择一种颜色，调节不透明度的数值大小，使图层的描边产生变化。

通过图层样式制作的按钮效果和各种文字特效。首先新建一个文件，尺寸 400×200 像素，分辨率72 像素／英寸（1 英寸=2.54 厘米），白色背景。单击图层面板下方的"创建新图层"按钮█新建一个图层。选择工具箱中的"圆角矩形工具"，在选项栏中将其半径设置为15px，然后在新图层上画一个如图层1 所示的圆角矩形，填充蓝色，然后对上述形状应用以下图层样式：添加投影效果。其中不透明度为 100%；添加光泽效果，其中"混合模式"选择"颜色加深"，"等高线"选择"高斯分布"；添加斜面和浮雕效果和等高线效果。其他设置默认。最终效果如图 5-17 所示。

图 5-17　用图层样式制作按钮效果

5.3.2　图层样式的操作

5.3.2.1　使用图层样式

图层样式能为活动图层设置混合选项以及为图层添加诸如阴影、发光、浮雕等特殊效果，是制作各种特效字体与按钮的好工具。使用图层样式的方法有两个：其一，执行【图层】菜单下【图层样式】子菜单，从中选择需要的子命令；其二，直接在图层调板的底部按"添加图层样式"快捷工具按钮"![按钮]"，在弹出的下拉式菜单中选择所需的效果样式，如图 5-18 所示。

5.3.2.2　隐藏与显示图层样式

Photoshop 提供暂时隐藏图层样式效果的命令，便于对比和比较。隐藏方法：执行菜单【图层】/【图层样式】/【隐藏所有效果】命令，这时图像的图层样式效果就被暂时隐藏。或者直接在图层调板里将标有样式名称前的眼睛图标![眼睛]点灰，该样式就隐藏不显示；如果点调板里"效果"两字前的

图 5-18　用图层样式制作按钮效果

眼睛图标![眼睛]，则所有效果都隐藏不显示。如图 5-19 所示。执行【隐藏所有效果】命令后，此时【隐藏所有效果】命令项就变为【显示所有效果】。执行它，图层样式效果将恢复显示。

5.3.2.3　缩放图层样式

在图层应用了图层样式效果时，可执行【图层】/【图层样式】/【缩放效果】命令，将弹出图对话框，如图 5-20 所示。

图 5-19　隐藏/显示样式效果　　　　　　图 5-20　"缩放图层效果"对话框

点击"缩放"列表框后面的箭头可弹出滑杆，移动滑杆上的滑块可对效果进行缩放，如勾选"预览"复选框，可从图像窗口中看到缩放的预览效果，满意后，点击"确定"按钮，缩放效果即被固定。"图像大小"设置中的"缩放样式"选项，使样式的操作变得更加方便。

5.3.2.4 清除图层样式

选中有""标记的图层，然后执行菜单"图层/图层样式/清除图层样式"命令，图层样式效果即被清除，""标记也随之消除。

上 机 实 训

实训 1 用图层样式制作按钮和文字

（1）新建一个文件，白色背景，尺寸为 600×480 像素，选择工具箱中的"文字工具"设置适字体和字号输入文字"photoshop"，如图 5-21 所示。

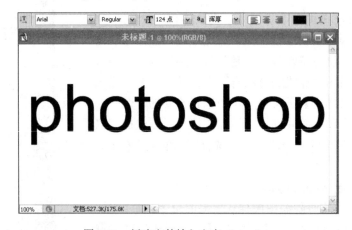

图 5-21 新建文件输入文字 photoshop

（2）选中文字层，单击图层调板下方的"添加图层样式按钮 "，在弹出的下拉列表中选择"阴影""斜面和浮雕""纹理"等命令，其中"阴影"对话框为默认设置，"斜面和浮雕""纹理"参数设置如图 5-22 和图 5-23 所示，得到的画面效果如图 5-24 所示。

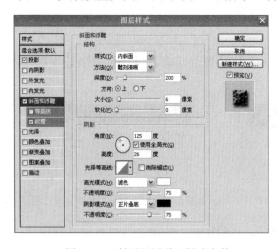

图 5-22 "斜面和浮雕"样式参数

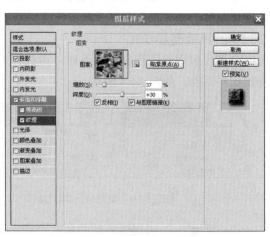

图 5-23 "纹理"样式参数

图 5-24　最终效果图

实训 2　制作美丽海湾

（1）打开一幅图片素材 haiwan.jpg（素材图片\ 第 5 章\ haiwan.jpg）。按快捷键【Ctrl+J】复制"背景"层，双击该图层打开图层样式，选择斜面与浮雕，调节它的大小和深度，参数可参考图 5-25 所示，使画面看起来有立体感。

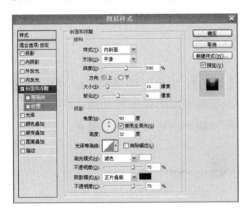

图 5-25　图层样式"斜面和浮雕"对话框及效果

（2）使用文字工具。加上文字，为使文字效果突出，双击文字层，打开图层样式，选择"投影"和"外发光"。选取自己喜欢或想要强调的部位用矩形框工具选区，然后按【Ctrl+J】复制一个新层，调整图层位置，使其位于最上层，点击菜单里的【编辑】|【描边】，宽度为 5像素，颜色选用白色，把该层移动到合适的位置。如图 5-26 所示。

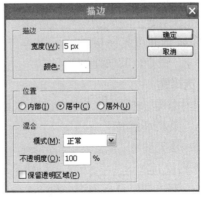

图 5-26　添加文字效果和"描边"对话框

（3）用同样的步骤选了这张图的其他部位，排布在合适的位置，最后可用【Ctrl+T】，按右键选旋转，调整图的方向．最后效果如图 5-27 所示。

图 5-27　最终效果图和"图层"面板

本 章 小 结

本章详细讲解了 Photoshop 中最重要的命令【图层】。主要对图层的概念、图层面板及图层混合模式和图层样式做了介绍。读者可以清楚地了解图层的作用和功能。在实际工作过程中，灵活运用图层、图层混合模式和图层样式，可以制作出许多特殊的效果。

习　　题

一、填空题

1．选择_____菜单中的_____命令，或者按下___键可以显示"图层"调板。

2．调整图层是一种比较特殊的图层，主要用来控制____和_____的调整。

3．选中背景层，在图层调板中点按两次"背景层"，会出现_____对话框，能够将背景层转化为_____图层。选中图层后按快捷键_____能复制图层，得到图层副本。

4．当图层面板中的图标 👁 显示时，表示该图层被_____，而带有图标 🔗 的图层表示该图层_____。

5．需要合并可见图层时，可以单击图层面板右上角的箭头按钮，在弹出菜单中选择_____命令，其快捷键为_____。

二、选择题

1．选中图层面板中的锁定位置按钮 ⊕，此时用户无法对图层进行_____。
　　A．旋转和翻转　　　　　　　　　B．删除图层中的图像
　　C．填充颜色　　　　　　　　　　D．执行滤镜功能

2．下列_____方法可以建立新图层。
　　A．双击图层调板的空白处
　　B．单击图层面板下方的新建按钮

C．使用鼠标将当前图像拖动到另一张图像上

D．使用文字工具在图像中添加文字

3．_____可以在当前图层中填入一种颜色（纯色或渐变色）或图案，并结合图层蒙版的功能，从而产生一种遮盖特效。

A．填充图层 B．背景图层 C．普通图层 D．文本图层

4．能显示变换控件，对图层进行自由变换的快捷键是_____。

A．Ctrl+T B．Ctrl+Alt C．Shift+ T D．Ctrl+F

5．下面对图层上的蒙版的描述正确的是_____。

A．图层上的蒙版相当于一个 8 位灰阶的 Alpha 通道

B．用黑色的毛笔在图层蒙版上涂抹，图层上的像素就会被遮住

C．在图层调板的某个图层中设定了蒙版后，会发现在通道调板中有一个临时的 Alpha 通道

D．在图层上建立蒙版只能是白色的

三、操作题

1．新建一白底 RGB 新文件，再新建图层 1、图层 2、图层 3，用画笔工具在新图层上作画，学习图层复制、链接、锁定、重命名、删除等操作。

2．打开两幅图像，然后将其中一幅图像的背景图层复制到另一幅图像中，学习新增调整图层、新增填充图层的操作。

3．制作出如图所示的效果（新建一尺寸为 500×300 像素黑色背景文件，绘制一白色的圆形选区，设置一定的羽化效果后，新建一图层后填充为白色，利用图层样式设置内发光和外发光效果）。

6

通道与蒙版

本章导读

本章介绍 Photoshop 图像通道和蒙版处理技巧，内容包括：通道调板；通道基本操作；选区的保存与载入；图层蒙版和矢量蒙版的操作；利用快速蒙版精确选区；【图像】菜单下的【应用图像】命令和【运算】命令等。通过学习要掌握通道和蒙版的功能和基本操作，将通道和蒙版结合起来使用，可以大大简化对相同选区的重复操作，利用蒙版和通道可将各种形式建立的选区存起来，以后再方便调用从而制造出各种特效图像。

重点和难点

☑ 图层蒙版和矢量蒙版的操作。

☑ 矢量蒙版的操作。

☑ 图像合成与计算。

6.1 通道

6.1.1 通道的功能及通道调板

不少初学者对"通道"概念难以理解，认为"通道"高深莫测，不好掌握。其实只要了解"通道"的两个主要功能便可迎刃而解。

通道的第一主要功能是记录图像的色彩信息。打开一幅 RGB 模式的"sunset.jpg"图片（素材图片\第 6 章\sunset.jpg），再打开其通道调板，如图 6-1 所示。通道调板里除标记 RGB 字样的为"混合通道"，还有三个分别记录图像红、绿、蓝信息的"红""绿""蓝"原色通道。在系统默状态下，各原色通道都用灰度显示，颜色越深表示该原色饱和度越大。在上面通道调板中混合通道与各原色通道都被选中，前面的眼睛图标都点亮，表示此时窗口中图像是处于各颜色通道混合状态。如果用鼠标点中某一个原色通道，如"红"通道，则"红"通道条呈蓝色显示为当前操作通道，前面眼睛图标点亮，其他通道条都为灰色，前面眼睛关闭，此时图像窗口里显示的是该通道色调信息。

图 6-1　通道调板及记录信息

在通道调板的下侧有 4 个命令按钮，它们分别如下。

● 将通道作为选区载入：执行菜单栏【选择】|【保存选区】命令也可以实现，其中白色为选区，黑色为非选区。

● 将选区存储为通道：执行菜单栏【选择】|【存储选区】命令也可以实现，其作用是将当前图像中的选区范围转化成一个蒙版保存到一个新的 Alpha 通道中去。

● 创建新通道：快速建立一个新的通道。

● 删除当前通道：可以删除当前选中的通道，或者用鼠标直接将需要删除的通道拖到此按钮。

利用通道可以查看各种通道的信息并且可以对通道进行编辑，从而达到编辑图像的目的，图像颜色模式的不同将决定通道的数量和模式，在控制面板中则表示为显示内容的不同。如果将图像模式由 RGB 转换为 CMYK，则会出现包括混合通道在内的 5 个通道。如果再将文件转换为灰度图像，其通道只有一个记录图像灰度信息的"灰色"通道。如图 6-2 所示。

图 6-2　改变图像模式后的通道调板

通道的第二个主要功能是存储图像中的选区信息。当图像中有选区时，Photoshop 的所有操作仅对选区作用，非选择区域就被保护起来，好像蒙上一块保护膜，所以存储选区信息也可理解为记录蒙版信息。这类信息在通道调板里只能存储在 Alpha 通道里，且 Alpha 通道只能以灰度显示。在 Alpha 通道里，系统默认白色部分为选区，黑色部分为被蒙区域，如图 6-3 中"Alpha 1"通道条前面缩略图中显示的是白色为选区。

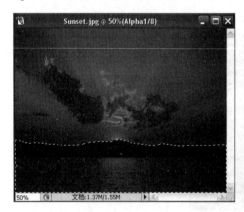

图 6-3　将选区存储为 Alpha 通道

还有一种通道为专色通道，该通道是用于印刷业的特殊通道，因为有些色彩效果不是普通 CMYK 四色印刷能够达到的，因此需要添加一些特殊的油墨。专色简单的可以理解为除 C、M、Y、K 以外的其他印刷颜色，如再现纯红，纯绿、纯蓝（印刷油墨本身存在着一定的颜色偏差）、烫金、烫银等这些颜色信息，必须要在四种颜色外另加一些其他颜色，这些颜色就叫专色，形成的色板、通道就叫专色色板、专色通道。

6.1.2　通道的操作

6.1.2.1　新建通道

【新建通道】不能创建图像的原色通道，如 RGB 模式的红、绿、蓝通道，它只能创建 Alpha 通道，创建方法是执行通道调板菜单下的【新建通道】命令，将弹出新通道对话框，如图 6-4 所示。如果勾选"被蒙版区域"，创建的 Alpha 通道是黑色的蒙版，在上面用白色涂色，涂上的白色区域为选择区；如果勾选"所选区域"，正好相反，创建的 Alpha 通道是白色蒙版，用黑色笔涂抹，黑色区域为选区。系统默认勾选"被蒙版区域"。在对话框里还可设置 Alpha 通道的名称及蒙版的颜色与不透明度。若不输入则 Photoshop 会自动依序命名为

Alpha 1，Alpha 2…全部采用默认值，按"确定"按钮，则建立了 Alpha 1 新通道。创建新通道的简便办法是用鼠标点击通道调板底部的"创建新通道"快捷钮""，可快速为图像创建系统默认的新 Alpha 通道，但不弹出对话框。

图 6-4　新建通道对话框及结果

　　系统默认勾选"被蒙版区域"，因此创建的 Alpha 通道是黑色的蒙版，图像窗口一片漆黑，如图 6-5 所示。将前景色设为白色，用画笔工具选用较大笔刷在窗口中涂出一个圆形，可看到调板里"Alpha 1"通道前面缩略图里也出现小白色圆状。此时只要用鼠标点按一下调板底部左第 1 个"将通道作为选区载入"按钮""，图像中白色区域即被选区包围。若用硬笔刷纯白色涂抹则无羽化效果。如用软笔刷作画，或用灰色涂抹，相当于给选区添加羽化效果，如图 6-5 所示。如果勾选"所选区域"，正好相反，创建的 Alpha 通道是白色蒙版，用黑色笔涂抹，黑色区域为选区。如按快捷键【Ctrl+～】，图像就返回到 RGB 混合模式。

图 6-5　用画笔工具涂抹后的效果

　　在图像中建立好选区后，也可将该选区信息存储到通道里去保存。存储选区的方法之一是执行"选择"菜单下的"存储选区"命令，将弹出"存储选区"对话框，如图 6-6 所示。

图 6-6　"存储选区"对话框及结果

　　各参数的含义如下。

●　**文档**：该列表框里有两个选项，分别为"自身文件名"与"新建"，选用前者是将选区存储在自身文件的通道里；选择后者是将选区存储到一新建文件中。一般选择默认前者设置。

- **通道**：因这是第一次存储选区（即通道调板里没有 Alpha 通道），此列表框只有"新建"唯一选项。
- **名称**：可给创建的 Alpha 通道命名，如不理会，系统自动命名为"Alpha 1"通道。
- **操作**：因是第一次操作，也只有"新通道"唯一选项。

存储选区的方法之二，是当图像中有选区时，只要单击一下通道调板底部左起第 2 个"将选区存储为通道"图标"⬛"，就能按系统默认方式将选区存储到"Alpha 1"通道中，而不会弹出对话框。

如果要将保存在通道里的选区信息载入当前图像中，可执行【选择】菜单下的【载入选区】命令，即弹出"载入选区"对话框，如图 6-7 所示。或在通道调板里激活保存有选区信息的 Alpha 通道，然后用鼠标单击调板底部的"将通道作为选区载入"快捷钮"⬛"，不管当前窗口里有无选区，都将 Alpha 通道里的选区载入或取代，然后按【Ctrl+～】快捷键返回混合通道。

图 6-7 "载入选区"对话框

6.1.2.2 复制和删除通道

复制通道是将通道调板里的各原色通道或 Alpha 通道复制为副本，但不能复制 RGB 或 CMYK 等混合通道。例如，复制图片中的"红"通道，首先用鼠标点中通道调板中的"红"通道，此时其他通道都变为不可见，图像窗口中是显示红色通道的影像。点击通道调板右上角的圆箭头"▶"即可弹出通道调板菜单。

在【通道】调板菜单里执行【复制通道】命令，将弹出复制通道对话框，如图 6-8 所示，可输入被复制的通道名称，如不理会直接按"确定"按钮确定，就为图像添加了一个"红 副本"原色通道。此新复制通道前面的眼睛图标如被关闭，它不会影响整幅图像的色彩显示，如果将所有眼睛图标都点亮，图像中因增加了红色成分，所以整个图像就变得更红一些。

图 6-8 "复制通道"对话框

复制通道的快速方法是激活要复制的通道条，然后用鼠标直接将其拖到通道调板底部的创建新通道"⬛"按钮，就为该通道复制一个副本通道，而不会弹出对话框。上述两方法也适用于复制 Alpha 通道。

如要删除通道调板里的某一原色"红"通道，只需用鼠标点中该通道条并将其拖到通道调板底部最后一个快捷按钮"⬛"上或执行【通道】调板菜单里的【删除通道】命令，该通道即被删除，通道调板里剩下的"绿""蓝"两个原色通道会自动变为"洋红"与"黄色"通道，图像的总体色彩就由这两个通道混合产生，如图 6-9 所示。该操作也适用于 Alpha

通道，由于 Alpha 通道主要用来存储选区信息，除编辑选区信息时外，其前面的眼睛图标一般都处于关闭状态，因此不参与总体图像色彩混合，故删除 Alpha 通道不会引起图像色彩的变化。

图 6-9　删除通道的结果

6.1.2.3　分离和合并通道

分离通道能将 RGB 模式图像分离出 R、G、B 三幅单色图像，可对分离出来的图像文件单独进行编辑和保存，也可以在单独编辑后再将它们合并在一起。在印刷行业中，常常将 CMYK 模式图像分离出 C、M、Y、K 四幅单色胶片。将 CMYK 图像分离出四个单色片，是印刷制版工艺中常用的出分色片技术。

打开一副素材图像文件 sky.jpg（素材图片\第 6 章\ sky.jpg），单击【通道】调板弹出式菜单中的【分离通道】命令，则原图会分离成"sky _R.jpg（红色）""sky _G.jpg（绿色）"和"sky _B.jpg（蓝色）"三个单色文件，如图 6-10 所示。分离出的各单色文件都是灰度文件，它只有一个灰色通道，用 256 个灰度等级来记录该原色饱和度的深浅。

图 6-10　"分离通道"操作后的结果

合并通道是分离通道的反向操作，它可以将多个灰度图像文件合并成一个彩色图像文件。以上例分离通道中的图片为例，任意选择一个灰度图像文件，单击通道调板弹出式菜单中的【合并通道】命令，则会弹出"合并通道"对话框。选择 RGB 颜色模式，通道数为 3，单击"确定"按钮，会弹出"合并 RGB 通道"对话框，如图 6-11 所示。采用默认值不变，单击"确定"按钮，则三个单独的图像文件合并成彩色的 RGB 图像文件。

图 6-11 "合并通道"及"合并 RGB 通道"对话框

如果在合并过程中故意调乱通道合并的顺序，有时会创造出美妙的色彩效果。还是以该图像为例，分离成三个单独的图像文件后，按照前面的步骤进行合并。在弹出"合并 RGB 通道"对话框后，更改图像文件的顺序，将"红色"通道对应"sky_R.jpg"，"绿色通道"对应"sky_G.jpg"，"蓝色"通道对应"sky_B.jpg"，如图 6-11 所示。单击"确定"按钮后，即生成一幅有新色彩的图像文件，如图 6-12 所示。

图 6-12 调乱通道合并顺序的效果（左图为原图）

6.1.2.4 专色通道的操作

新建专色通道时，在【通道】调板菜单里选择【新建专色通道】命令，即弹出"新专色通道"对话框，如图 6-13 所示。输入专色通道名称与选择合适参数，其中油墨特性下"颜色"色块是用于设置专色通道的颜色；"密度"设置专色通道颜色的密度，其范围为 0～100%，这个选项对实际打印效果没有影响，只是编辑图像时可以模拟打印的效果，有点

图 6-13 "新建专色通道"对话框

类似蒙版选项里的"不透明度"。确定后，即在通道调板里添加了专色通道。

合并专色通道，是将专色通道里的颜色信息混合到其他各个原色通道中，会对图像在整体上施加一种颜色，使得图像带上该颜色的色调。操作方法只要执行【通道】调板菜单里的【合并专色通道】命令即可。

通道调板里各通道条的上下位置的移动，除原色通道不可移动外，其他同一类型的通道是可以调整其相对位置，但专色通道一定要在 Alpha 通道的上面。如一定要调整专色通道与 Alpha 通道之间的相对位置，应执行【图像】/【模式】菜单下【多通道】命令，将模式转为"多通道"，即可在两者之间调整位置。

6.2 蒙版

6.2.1 蒙版的概念及分类

可以认为**蒙版**是一种屏蔽，它可以将一部分图像区域保护起来不被编辑，也可以遮盖图层中的部分区域。当基于一个选区创建蒙版时，没有选中的区域成为被蒙住的区域（用50%的红表示，可更改，双击快速蒙版编辑模式图标即可），可防止被编辑或修改。Alpha 通道也可看作是蒙版。在 Photoshop 中大致有以下几种类型的蒙版。

6.2.1.1 快速蒙版

使用**快速蒙版**技术可以用来建立图像选区，当按快捷键【Q】或点击工具箱中"以快速蒙版模式编辑" ◉ 按钮进入快速蒙版模式编辑状态时，如果查看其通道调板，会发现系统自动在通道调板里添加了一个"快速蒙版"通道。快速蒙版只是临时将选区转存为一个 Alpha通道，再切换回标准模式后，临时的 Alpha 通道将消失，而如果将选区直接存储为 Alpha 通道，那么选区将可以被随时载入，即便执行了取消选区的命令。如图 6-14 所示为花的选区及进入快速蒙版后的效果。快速蒙版模式用 50%的红色遮挡住受保护的区域。

图 6-14　花的选区及进入快速蒙版后的效果

6.2.1.2 图层蒙版

图层蒙版相当于一个 8 位灰阶的 Alpha 通道。与快速蒙版不同的是它可以遮蔽整个图层或图层组，或者只遮蔽其中所选的部分。图层蒙版也可以称为像素蒙版，它是依赖于分辨率的，只能通过和像素有关的命令进行修改和操作，如利用画笔、喷枪等绘画工具进行绘制，或执行各种滤镜效果。

6.2.1.3 矢量蒙版

矢量蒙版不依赖于分辨率，可通过钢笔或形状工具来创建，并且只能通过与路径有关的操作进行修改和编辑。

6.2.2 快速蒙版精确选区

快速蒙版的使用非常简单，用它抠像，只要操作细心、得当，人像的边缘会极其干净利落，没有任何抠像的痕迹。把它拖入背景图中后，显得非常自然和谐，令人赏心悦目。

打开一副素材图片 girl.jpg（素材图片\第 6 章\girl.jpg），在工具箱中单击"以快速蒙版模式编辑" 按钮或按快捷键【Q】进入快速蒙版。用画笔工具 在人物身上涂抹，涂过的区域将自动变成淡红色。为了让人物的边缘涂得更精细，应把要涂的每一段边缘做局部高倍放大，以使它的每一个边边角角都能精确涂到。笔刷的大小要随时变化，绝不可让笔触"跑"到边缘之外。待周围的边缘全部涂完之后，再用大笔刷涂抹中间部分，以提高工作效率。注意不要遗漏任何一点地方，否则，抠像时遗漏的部分将会形成"窟窿"，必须返工。涂抹完成的效果如图 6-15 所示。单击工具箱中的"以标准模式编辑"按钮 ，此时没有涂抹过的区域自动转化为选区（**注意：**此时选中的不是人物），如图 6-15 所示。

图 6-15　利用快速蒙版模式建立选区

点击菜单栏的【选择】|【反选】，把人物选中，并把她拖拽到背景图 autumn.jpg（素材图片\第 6 章\ autumn.jpg）中去。适当调整人物的大小（如果必要的话）和位置，调整大小用【自由变换】命令【Ctrl+T】，调整人物的位置直接用鼠标拖动即可。最终效果如图 6-16 所示。

6.2.3　图层蒙版的操作

6.2.3.1　添加显示全部蒙版

选择要添加图层蒙版的图层，执行菜单【图层】|【图层蒙版】|【显示全部】或点击图层调板上的添加图层蒙版按钮 ，为当前的图层添加了

图 6-16　最终效果图

一块白色蒙版，由于它是显示全部，所以图像窗口里没有什么变化。但在图层调板里，在图层的缩略图后面多了一个白色方块，这就是新添加的"显示全部"蒙版，周围将出现一个黑色的边框，表示正在对蒙版编辑中，如图 6-17 所示。

图 6-17　添加"显示全部"图层蒙版

选中蒙版后，可使用各种绘图工具，对图像窗口中的图像进行修饰。如选用画笔工具，应选择大小合适的软笔刷，并将前景色设为黑色，在图像中涂抹，凡涂抹过的地方，图层 1 的像素被隐去看不见，因而能看到背景层上的图像，如图 6-18 所示。

图 6-18　利用快速蒙版模式建立选区

在涂抹过程中，如果涂抹地方超出所需范围，只要将前景色设为白色，在蒙版上涂以白色，图层 1 像素便能恢复。如图 6-19 所示。在实际操作时，还可以更改画笔的大小及流量等直至将图层 1 上多余部分全部除去。在蒙版中采用软性笔刷涂抹的目的，是使涂抹区域的边界产生半透明的过渡效果。

图 6-19　用画笔工具修改图层蒙版区域

所有操作都应是在白色蒙版上进行，如果用鼠标在图层 1 的图像缩略图上点击一下，则缩略图四周会有线框罩住，白色蒙版上的线框消失，此时对图像窗口上涂抹，将会把颜色涂到图像上，如图 6-20 所示。所以使用蒙版时一定要注意蒙版小方块四周一定要有线框罩住，必要时用鼠标在小方块上点一下即可。

图 6-20　选择缩略图而不是蒙版上涂改的效果

6.2.3.2　添加隐藏全部蒙版

选择要添加图层蒙版的图层，执行菜单【图层】|【图层蒙版】|【隐藏全部】或按住【Alt】键点击图层调板上的添加图层蒙版按钮，在选中的图层缩览图右边出现黑色的"隐藏全部"框，为当前活动图层添加了一块黑色蒙版，由于它是隐藏全部，图像窗口里的当前图层全部被蒙住隐藏不可见。如用画笔工具选用软笔刷在图像窗口中涂抹白色，即可使当前图层影像显露，并能将图像与背景层图案进行有机融合。如图 6-21 所示。

如果在当前操作的图层上有选区，也可执行菜单【图层】|【图层蒙版】|【显示/隐藏选区】或点击图层调板上的添加图层蒙版按钮（按住【Alt】键为隐藏选区），为选区添加显示选区蒙版或隐藏选区蒙版，如图 6-22 所示。

图 6-21　添加"隐藏全部"图层蒙版　　　　图 6-22　添加"显示/隐藏选区"图层蒙版

6.2.3.3　应用、删除及停用、启用图层蒙版

不论是采用"显示全部"或"隐藏全部"图层蒙版，在图层条眼睛图标的后面都会出现蒙版图标，表示该层使用了蒙版。如果想把蒙版效果与当前图层合并，去掉眼睛图标后面的蒙版图标，可执行菜单【图层】|【图层蒙版】|【应用】命令。该图层条就变为普通图层条，但蒙版效果即被保存下来，但不能再编辑蒙版。如果要放弃蒙版效果，可执行菜单中【图层】|【图层蒙版】|【删除】命令。

按住【Shift】键并点击图层调板中的图层蒙版缩览图，或执行菜单"图层/图层蒙版/停用"命令，或右键快捷菜单选择【停用图层蒙版】，在图层蒙版缩览图上出现一个红色"×"号，并且会显示出不带蒙版效果的图层内容。

点击【图层】调板中的图层蒙版缩览图，红色"×"号消失，或执行菜单【图层】|【图层蒙版】|【启用】命令，或右键快捷菜单选择【启用图层蒙版】，图层蒙版效果将重现。如图 6-23 所示。

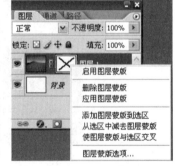

图 6-23　停用或启用图层蒙版

要删除图层蒙版并使蒙版效果永久生效，选中图层蒙版缩览图，点击图层调板底部的删除按钮，然后在提示框中选择"应用"。要删除图层蒙版而不使用蒙版效果，选中图层蒙版缩览图，点击图层调板底部的删除按钮，然后在提示框中选择"删除"。

6.2.4　矢量蒙版的操作

矢量蒙版只对蒙版里绘制的矢量图形起作用，前面介绍的各种绘图工具，绘制的都是点阵图案。所以用画笔工具等是无法在这块蒙版上绘出，可试着用画笔分别在这蒙版上涂抹黑色或白色，其结果都会在图像窗口中反映出来，而图层调板里的白色小方块上无任何变化，仔细查看可在蒙版前面的图像窗口缩览图中看到绘制的痕迹。在 Photoshop 中可以绘制矢量图形的工具是钢笔工具和形状工具。

6.2.4.1　添加显示或隐藏整个图层的矢量蒙版

在图层调板中，选择要添加矢量蒙版的图层。添加矢量蒙版的用法与"添加图层蒙版"相似，在其子菜单下也有"显示全部"与"隐藏全部"两种蒙版添加方式。要创建显示整个图层的矢量蒙版，执行菜单【图层】|【矢量蒙版】|【显示全部】。要创建隐藏整个图层的矢量蒙版，执行菜单【图层】|【矢量蒙版】|【隐藏全部】。如图 6-24 所示。

图 6-24　"显示全部"与"隐藏全部"矢量蒙版

6.2.4.2　添加显示当前路径的矢量蒙版

在图层调板中，选择要添加矢量蒙版的图层。选择一条路径或使用形状或钢笔工具绘制工作路径，执行菜单【图层】|【矢量蒙版】|【当前路径】。如图 6-25 所示。

图 6-25　创建显示当前路径的矢量蒙版

6.2.4.3　编辑矢量蒙版

选择图层调板中的矢量蒙版缩览图或路径调板中的缩览图，然后使用形状和钢笔工具更改形状。

6.2.4.4　停用或启用矢量蒙版

选择矢量蒙版所在的图层，执行菜单【图层】|【矢量蒙版】|【停用】或按住【Shift】键并点按图层调板中的矢量蒙版缩览图将停用矢量蒙版，图层调板中的蒙版缩览图上会出现一个红色的"×"，并且会显示出不带蒙版效果的图层内容。再点击 1 次或执行菜单【图层】|【矢量蒙版】|【启用】能重新启用蒙版。

6.3 图像合成与计算

6.3.1 应用图像命令

使用"应用图像"命令可以快速地将一幅或是多幅图像中的图层与通道互相合并，从而产生许许多多的合成效果，而且图层与通道可以取自被打开的不同图像文件，但要求这些文件的像素尺寸和颜色模式必须相同。

分别打开 2 个素材图像文件 grass.jpg 和 sunflower.jpg（素材图片\第 6 章\grass.jpg 和 sunflower.jpg），如图 6-26 所示。

选中 grass.jpg 文件，单击菜单栏中的【图像】|【应用图像】命令，弹出如图 6-27 所示【应用图像】对话框，将源设为 sunflower.jpg，勾选"蒙版"复选框。"应用图像"效果见图 6-28。

"应用图像"对话框各参数含义如下。

● **源**：可以从中选择一幅源图像与当前编辑的图像的通道进行合并。从列表框里可下拉出 Photoshop 桌面上此时打开的，并且像素尺寸都与当前编辑图像相同的所有图像文件名称。如桌面上无其他打开文件或无符合上面相同条件文件时，只能选择本图像文件。这是最常用的状态。

图 6-26 像素尺寸和颜色模式相同的 2 个图像文件

图 6-27 "应用图像"对话框   图 6-28 "应用图像"效果图

- **图层**：可从源图像中选择一个图层进行合成，源图像没有图层则自动选择"背景"。
- **通道**：可以从源图像中选择一个通道与上面的"图层"列表框选择的层进行合成。勾选"反相"可以将源文件图像色彩反转后进行合并。本例选择的是"RGB 混合通道"。
- **目标**：就是当前被编辑的图像，即 grass.jpg 文件。
- **混合**：是指色彩混合的模式。本例选择"正片叠底"。
- **不透明度**：设置混合效果不透明程度。
- **保留透明区域**：此项用来选择保留透明区域，勾选后只对非透明区域进行合并。若无透明区域，它为灰色不可用。
- **蒙版**：勾选后可以有三个新选项进行选择。用户还可再选择某文件（即右边的列表框）的一个图层（即下面"图层"选项）或通道（即下面"通道"选项）作为蒙版参与混合图像，有点像图层蒙版。
- **反相**：勾选此复选框，将把通道反相（即黑白互换）输出再参与合成。
- **预览**：如复选框已勾选，则此时在图像窗口能看到图层与通道合并的效果。

6.3.2 计算命令

使用"计算"命令可以将同一个图像或不同图像中的两个独立通道进行合成，并利用合成后的结果创建一个新的通道，这样往往能创建比较特别的选区。【计算】命令的功能与【应用图像】命令的功能基本相同，只不过【计算】命令对两个通道进行合成。与【应用图像】命令一样，这两个通道不一定要来自同一幅图像里，它们可取自像素、尺寸相同的两个已打开的图像中。但是【计算】命令可以将合并后的结果保存为一个新的图像文件或是一个新通道。继续选用 grass.jpg 和 sunflower.jpg 2 个图像文件，选中 grass.jpg 图像文件，选择菜单栏中的【图像】|【计算】命令，弹出如图 6-29 所示"计算"对话框。

按照图 6-29 所示设置各个选项。"计算"对话框中各个选项的设置与"图像应用"对话框中各选项的设置相似，只是在"计算"对话框中有两个"源"选项。另外，在"计算机对话框"最下面有一个"结果"选项，用来选择将计算结果保存为"新建文档""新建通道"或"选区"。如果选择"新文档"，会将计算结果作为新文件输出；选择"新通道"会将计算结果作为新通道输出；选择"选区"会将计算结果作为选区载入当前图像中。这里选择"新建文档"。单击"确定"按钮后，会产生一个未命名的新图像文件，如图 6-30 所示。

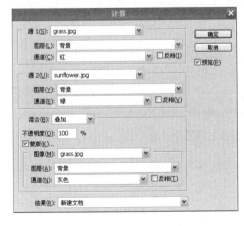

图 6-29 "计算"对话框

图 6-30 "计算"效果图

上 机 实 训

实训 1   利用通道来抠图

通道抠图是 Photoshop 中经常用到的抠图方法之一，**通道抠图**主要利用图像的色相差别或者明度差别，配合不同的方法如曲线、色阶给图像建立选区。

打开一副图像文件 tree.jpg（素材图片\第 6 章\tree.jpg），如图 6-31 所示，天空不够蓝，云彩效果稍逊。如果要换一个天空背景，则需把树叶和地表作为选区抠出来。常规的抠图方式比较麻烦，费时费力，效果不理想。打开原图通道面板，发现前景的黄色和背景的蓝色，在不同的通道中差别很大，尝试采用通道抠图。

图 6-31   素材图像及其通道面板

（1）双击背景图层使背景图层转变为普通图层。查看通道窗口，找到天空与其他反差最大的一个通道，发现是蓝色通道。

（2）复制蓝色通道，选择菜单中【图像】|【调整】|【亮度/对比度】，改变参数使反差加大，想要的区域越黑越好，不要的区域越白越好。如图 6-32 所示。

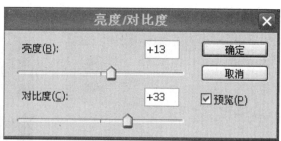

图 6-32   调整亮度/对比度使复制蓝色通道反差加大

（3）回到图层，点击"选择"菜单下面的"载入选区"，注意通道选项为"蓝　副本"，选中反相，确定后出现了选区，如图 6-33 所示。

图 6-33　从通道"蓝 副本"中载入选区

（4）依次选择【图层】|【图层蒙版】|【显示选区】，则抠图完成，效果如图 6-34 所示。

（5）抠图完成后，可替换任意自己喜欢的背景，本例将 cloudy.jpg（素材图片\第 6 章
\cloudy.jpg）天空背景图层置于图层下方，效果如图 6-35 所示。

图 6-34　直接添加图层蒙版

图 6-35　更换天空背景后的最终效果图

实训 2　利用蒙版进行图像融合

打开 2 副图像素材文件 flower.jpg 和 greenland.jpg（素材图片\第 6 章\flower.jpg 和
greenland.jpg），如图 6-36 和图 6-37 所示，要把图 6-36 中的花选出后拷贝到图 6-37 绿地上，
使它们较好地融合在一起。

图 6-36 素材鲜花

图 6-37 素材绿地

将图 6-36 中的花选出，拷贝到图 6-37 上。按【Ctrl+T】调整花的大小，移动到合适的位置上。如图 6-38 所示。这时花的边缘很明显，要使花的下半部羽化掉，使它和背景融合在一起。

图 6-38 花的边缘明显，未能和背景融合在一起

选中花这一层，点击选择【图层】|【图层蒙版】|【显示全部】，为花所在的图层建立图层蒙版。由于当前图像中没有任何选择区，所以蒙版为全白色，即图层中图像以全透明显示。选择工具栏渐变工具，在蒙版工作区内，按住【Shift】键（强制垂直）用渐变工具从花的中部向下拉到花的底部，这时花的下半部分从中间开始向下渐渐过渡到完全透明，和背景融成了一体，最终效果如图 6-39 所示。

图 6-39 花和绿地背景融合在一起

本 章 小 结

本章主要内容包括通道的基本操作、选区的保存与载入、图层蒙版和矢量蒙版的操作、利用快速蒙版精确选区、图像菜单下的【应用图像】命令和【运算】命令等。通过学习可知，图像是由单色通道组成的，且不同模式的图源通道的数量也不一样。通道的功能是记录图像的色彩信息和存储图像中的选区信息。蒙版主要用来保护被屏蔽的图像区域，图像处理中使用频率比较高。通道和蒙版的应用是 Photoshop 中比较高级的技能，也是比较难以理解的。希望读者在实践过程中将其掌握。

习 题

一、填空题

1. 利用【通道】调板菜单的_____命令，可以将一个图像中的各个通道分离出来。

2. RGB 图像的通道由_____、_____、_____等 3 个通道组成，Lab 模式图像的通道由_____、_____、_____等 3 个通道组成。

3. 用鼠标把通道拖到通道面板底部的_____按钮上即可复制通道；用鼠标把通道拖到通道面板底部的_____按钮上可以删除通道。

4. _____的作用和选区类似，也是用于限制只对图像的某个部分进行操作。

5. 创建快速蒙版的方法是单击工具箱中的_____按钮或按快捷键____；退出快速蒙版的方法是单击工具箱中的_____按钮。

6. _____可在图层上创建锐边形状，无论何时需要添加边缘清晰分明的设计元素。

二、选择题

1. 在下列选项中不属于通道分类的是_____。
   A．颜色通道　　　B．Alpha 通道　　　C．专色通道　　　D．混合通道

2. 由特殊的预混油墨，用于替代或补充印刷色（CMYK）油墨的通道是_____。
   A．混合通道　　　B．原色通道　　　C．Alpha 通道　　　D．专色通道

3. 可以将任何选区作为蒙版进行编辑，而无需使用通道调板的是_____模式。
   A．永久性蒙版　　B．快速蒙版　　　C．蒙版图层　　　D．矢量蒙版

4. Alpha 通道最主要的用途是_____。
   A．保存图像色彩信息　　　　　　　B．创建新通道
   C．存储和建立选择范围　　　　　　D．是为路径提供的通道

三、操作题

1. 练习新建通道、复制通道、删除通道等操作，观察删除原色通道后对图像色彩变化效果。

2. 打开图像文件，进行图像模式的转化，并对 RGB 模式及 CMYK 模式图像进行"分离通道"与"合并通道"操作，通过合并通道时改变原色通道的合并顺序观察改变图像后的效果。

3. 利用快速蒙版模式将图像（素材图片\第 6 章\car.jpg）中的汽车精确选区（进入快速蒙版模式，对车的边缘局部放大用细的画笔工具涂抹，待周围的边缘全部涂完之后，再用大

笔刷涂抹中间部分，直到车体全部变成淡红色，图1）。

【提示】

（1）隐藏路径　Photoshop 中，选中一个形状图层的时候形状的路径会显示出来，并且在对该图层进行更改图层混合选项的一些操作的时候，显示出来的路径会一直存在。那么，这个时候，请试试按下【Ctrl+H】来隐藏所有的辅助工具（路径、网格线和参考线），或是按【Ctrl+Shift+H】只隐藏路径。

习题图 1

（2）保存样式　将经常使用的样式保存到样式面板（图2），就不需每次都复制粘贴了。

（3）以 15° 的步长旋转和 10 像素的移动　在自由旋转选中的图形时，按住【Shift】可以实现以 15° 的倍数旋转，移动时，可以实现以 10 像素移动。

（4）设置全局光为 90°　光源 90° 的高光、阴影以及其他图层效果是最佳。在混合选项中（斜面和浮雕、内发光和阴影）勾选使用全局光即可（图3）。

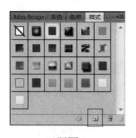

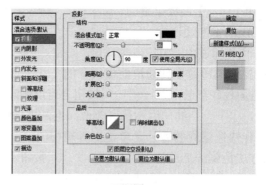

习题图 2　　　　　　　　　　　习题图 3

（5）命名新创建的图层　养成在创建图层的时候对它进行命名的好习惯，能极大提高修改与调整时的效率。

（6）避免图层名加后缀和图层效果扩张　图层面板选项中取消下面两个勾选项，便可实现复制图层时图层名称后不再出现"副本"字样，复制粘贴图层效果时，避免图层效果扩张（图4）。

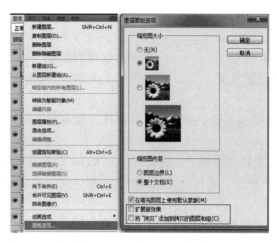

习题图 4

（7）勤备份文件　在对文件做重大修改前切记备份文件，若无意中保存了自己不想要的修改，或者在撤销修改前意外关闭了文件，这时调用备份文件可以降低风险。

（8）在同一文件中展示不同的页面　使用图层复合能实现在同一文件中展示不同的页面，不必再将所有页面都创建在一个 PSD 中然后对图层可视进行打开和关闭来查看。勾选窗口，图层复合即可打开图层复合面板（图 5）。

习题图 5

（9）安装 psd 缩略图补丁　PSD 文件的内容一目了然，容易查找、提高效率。

（10）用好快捷键　本书附录列出了一些快捷键，掌握后操作会更加快捷高效。

（11）巧用文本框　处理大段文字时，文本框能使字体布局整齐，调整起来十分方便。

（12）合并图形　Photoshop 的图形图层集体合并后，仍为可编辑图形。而合并图层快捷键【Ctrl+E】能把选中的图层快速合并。

（13）关于字体　使用 PS 的字体调整工具调整字体，尽量给字号一个整数；尽量不随意拉伸它们；使用文本框（同 11）去调整它们，但不要比实际的文本大太多；标题、内容等多种文字不必局限在一个文本框里，可以考虑多使用几个不同的文本框进行处理，尽量不要混合在一起，这样可提高效率。

7

广场平面效果图后期处理

本章导读

掌握 Photoshop 虚拟打印的方法，理解平面图空间位置的关系；灵活运用前 6 章介绍的命令，具备 Photoshop 彩色平面图的表现能力。能够完成以下任务。

① 分析平面图明确空间关系；

② 从 Auto CAD 输出*. png 文件；

③ 图像导入到 Photoshop 中进行分离线层；

④ 制作草地和树群；

⑤ 制作广场铺装；

⑥ 制作景观构架；

⑦ 制作广场彩色平面图背景；

⑧ 添加植物配景；

⑨ 修饰并保存图像。

彩色平面效果图是景观设计中方案阶段必不可少的图纸，Photoshop 和 Auto CAD 是彩色平面图的主要绘制软件工具。Auto CAD 主要用于线性图形的绘制，Photoshop 则用来填充颜色，渲染图像。具备应用 Auto CAD 和 Photoshop 来绘制彩色平面图的能力是园林及相关专业从业人员进行方案设计图纸表现的基本能力。

现代景观规划设计项目中，广场设计作为人居环境的公共开放活动空间，在城市空间中的作用越来越大。随着城市开放空间建设步伐的加快，广场设计项目日益增多，了解广场设计的方法和图纸表达能力必须具备。

针对目前景观设计人才培养的紧迫要求，广场平面效果图后期处理这一章节，较为系统地介绍了彩色平面图 Photoshop 渲染的流程和方法，希望对大家提供一定帮助。

7.1 分析平面图

对于彩色平面效果图的制作，分析平面图，了解场地的空间布局至关重要，这决定了效果图能否较好地表达设计意图，反映设计师设计的真实效果。图 7-1 为广场平面效果图。

图 7-1　广场平面效果图

7.1.1 阅读 CAD 文件

（1）启动 Auto CAD 中文版软件。

（2）单击菜单栏中【文件】/【打开】命令，打开"CAD 文件"/"广场平面效果图"文件夹中的"广场平面图"，如图 7-2 所示。

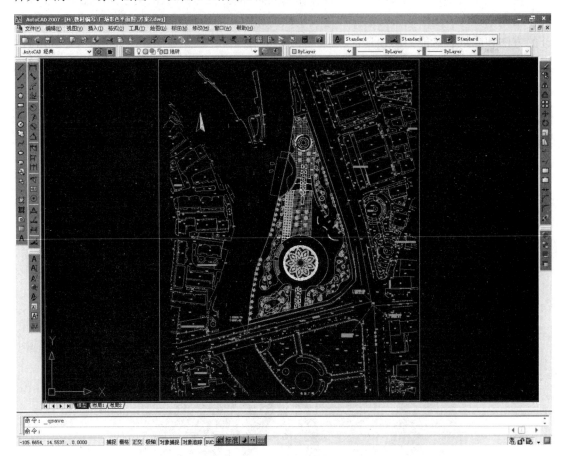

图 7-2　广场平面图

7.1.2　分析 CAD 文件

通过阅读平面图，可以理解广场的空间。

7.2　从 Auto CAD 输出*.png 文件

Auto CAD 到 Photoshop 的转换过程有三种：屏幕拷贝法，文件菜单输出法，虚拟打印法。

7.2.1　屏幕拷贝法

通过 Windows 键盘拷贝或软件，截取 Auto CAD 的图像，然后复制 Phothoshop 进行图像处理的方法。键盘拷贝通常使用【PrintScreen】键，软件可以使用一些屏幕捕捉软件，如 HyperSnap 软件。

7.2.2　文件菜单输出法

使用 Auto CAD 将文件输出为"*.eps、.*bmp、.*wmf"等文件格式，其中常用的为*.eps格式。此种格式的文件可以放大，但由于图形的线宽只有一个像素，所以放大后会很模糊。

（1）执行菜单栏中【文件】/【输出】命令，在弹出的"输出数据"对话框中将输出的文件指定路径和文件名，并选择*.eps 文件格式，然后点击"保存"按钮，如图 7-3 所示。

（2）启动 Photoshop 软件，然后新建一个文件，如图 7-4 所示。

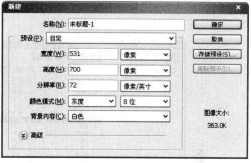

图 7-3　"输出数据"对话框　　　　　　　　图 7-4　新建文件夹

（3）单击【文件】/【置入】命令，将刚才输出的文件置入到新的文件中。

（4）置入的*.eps 文件含有一个变换框，将光标放在变换框的控制点上拖动鼠标，可以对其进行放缩。按住【Shift】键，可以实现等比例放缩，如图 7-5 所示。

（5）按下【Enter】键，完成置入操作，如图 7-6 所示。

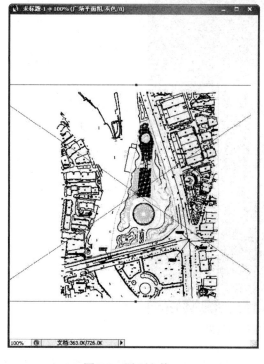

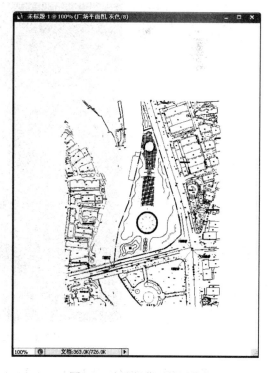

图 7-5　置入文件　　　　　　　　　　　　图 7-6　完成操作后的图像

7.2.3 虚拟打印法

通过添加虚拟打印机，将Auto CAD文件打印出不同格式的图像文件，再导入到Photoshop中进行处理。该种方法在实际工作中较为常用，它可以较好地达到理想的精度要求，同时存在线的粗细关系。

在广场彩色平面图的绘制实例中，将采用虚拟打印法进行讲解。

（1）单击工具栏中的"确定"按钮，打开"图层特性管理器"对话框，在对话框中将树木的相关图层关闭，即"A 绿-1""草"两个图层。然后点击"确定"按钮，如图7-7和图7-8所示。

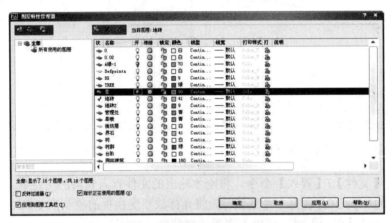

图7-7 "图层特性管理"对话框

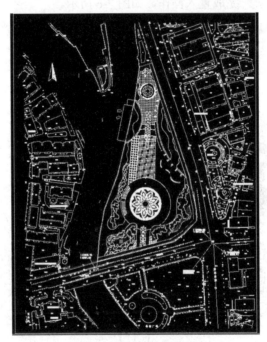

图7-8 调整图层后的效果

（2）单击菜单栏中【文件】|【打印】命令。在对话框中，选择"打印机/绘图仪"的名称为"PublishToWeb PNG.pc3"，如图7-9所示。

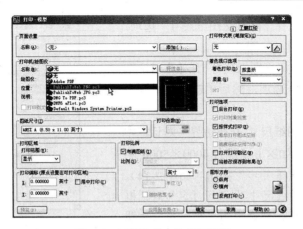

图 7-9 打印选项—选择打印机

（3）调整"打印样式表"为"acad.ctb"。在跳出的问题对话框中选择"是"，如图 7-10 所示。

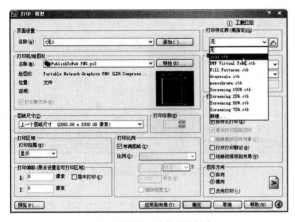

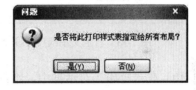

（a）打印选项—选择打印样式　　　　　　（b）提示对话框

图 7-10 打印样式提示对话框

（4）点击"打印机/绘图仪"旁的"特性"按钮，软件会跳出一个"绘图仪配置编辑器"对话框（如图 7-11）。该对话框主要用来添加打印图像的尺寸大小。

（a）打印选项—调整特性　　　　　　（b）绘图仪配置编辑器

图 7-11 调整特性

（5）在对话框中选择"自定义图纸尺寸"选项，然后单击"添加"按钮（如图7-12）。

（6）在弹出的"自定义图纸尺寸-开始"对话框中选择"创建新图纸"选项，然后单击"下一步"按钮（如图7-13）。

（7）在"自定义图纸尺寸-介质边界"对话框中设置需要的图纸尺寸，如这里设置为4000×5000的图纸大小，然后点击"下一步"按钮（如图7-14）。

（8）在"自定义图纸尺寸-图纸尺寸名"对话框中设置图纸尺寸的名称，然后点击"下一步"按钮（如图7-15）。

图7-12　绘图仪配置编辑器—自定义图纸尺寸

（9）最后在"自定义图纸尺寸-完成"对话框中，点击"完成"。返回到"绘图仪配置编辑器"对话框。在"自定义图纸尺寸"对话框中可以看到刚才设置的图纸尺寸，然后点击"确定"按钮，返回到"打印"对话框中。

图7-13　自定义图纸尺寸-开始

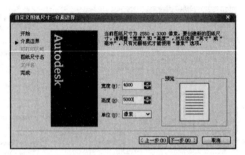

图7-14　自定义图纸尺寸-介质边界

（10）在"打印"对话框中，继续调整参数。点击"图纸尺寸"后的下拉菜单，选择刚才定义的"用户1"（4000.00×5000.00像素），如图7-16所示。

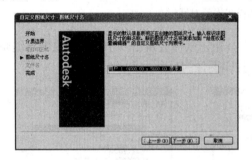

图7-15　自定义图纸尺寸-图纸尺寸名

图7-16　打印选项-图纸尺寸

（11）再将对话框右下角的"图形方向"栏中，选择"纵向"（如图7-17）。

（12）点击"打印区域"下拉菜单，选择"窗口"。这时，"打印"对话框会消失，用十字光标在绘图区域中框选图像区域。框选完成后，"打印"对话框再次出现点击"预览"按钮，可以预览打印图像效果（如图7-18）。

图7-17　打印选项—图纸方向

（13）最后点击"确定"按钮。会跳出"浏览打印文件"对话框。在此对话框中选择打印输出的路径和文件名，如图 7-19 所示。

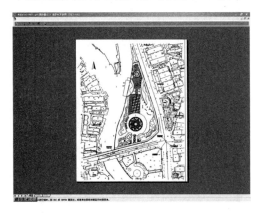

图 7-18　预览图像　　　　　　　　　　　图 7-19　选择打印路径

7.3　图像导入到 Photoshop 中进行分离线层

通常情况下，应用 AutoCAD 矢量图软件就可以完成景观设计平面图的导出工作及基本需求。但若是对平面图视觉上的真实性与感染力等视觉效果有较高要求，需要进行细节处理的时候，则应借助 Photoshop 软件来实现。

（1）启动 Photoshop。

（2）单击菜单栏中的【文件】/【打开】命令，打开已经渲染好的"方案 2－Model.png"文件（如图 7-20）。

（3）选择工具箱中魔棒工具 。在属性栏中，将其"容差"调整为 0 像素，并取消"连续"的选项。选择"添加到选区"，如图 7-21 所示。

图 7-21　调整魔棒参数

（4）在图像的空白处，点击鼠标。此时白色区域被全部选中。如图 7-22 所示。

（5）此时，将鼠标停留在白色空白处，点击右键。在跳出的快捷菜单中，点击"选择反向"。然后按下键盘的【Ctrl+C】，【Ctrl+V】。如图 7-23 所示。

（6）此时"图层"面板上生成了一个新的图层"图层1"，如图 7-24 所示。在图层名上双击鼠标，将图层名改为"线层"。

（7）选择工具箱中剪裁工具 。对图像进行剪裁调整，将周边的线框除去，如图 7-25 所示。

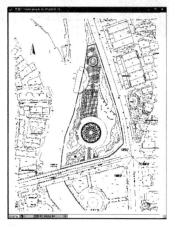

图 7-20　文件"方案 2—Model.png"

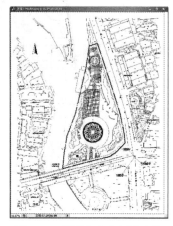

图 7-22　魔棒在空白区域点选

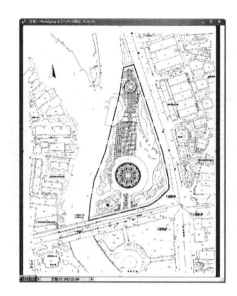

图 7-23　选择反向　　　　图 7-24　图层面板　　　　图 7-25　剪裁图像

（8）单击菜单栏的【文件】/【另存为】命令，将文件另存为"广场平面图.psd"文件。

7.4　制作草地和树群

制作草地是为了将广场的空间大体定下来。草地的制作运用了颜色叠加的方法，使用的方法类似手绘的两种颜色彩色铅笔的绘制。

（1）选择工具箱中魔棒工具 。在属性栏中，将其"容差"调整为 30 像素，并勾选"连续"。

（2）在"图层"面板中新建一个图层，命名为"草地底色"，将该图层调整到"线层"层的下方。

（3）选择"线层"图层，在图像中的草地部分点击，选择全部草地区域，如图 7-26。

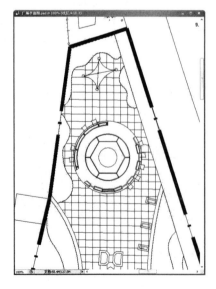

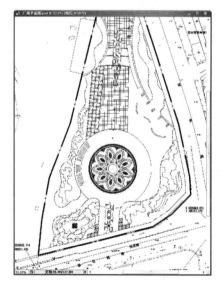

图 7-26　选择草坪区域

（4）再在图层面板中，选择"草地底色"图层，设置前景色为黄色，RGB 值为 255，252，0。如图 7-27 所示。

（5）按下【Alt+Backspace】键，将选择的区域填充前景色。填充完再按下【Ctrl+D】，取消选区，见图 7-28。

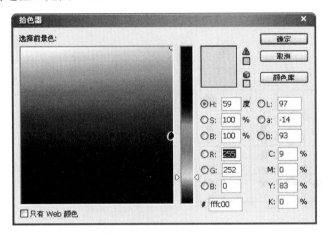

图 7-27　调整前景色参数　　　　　　　　　　　图 7-28　填充区域颜色

（6）再在"图层"面板中新建一个图层，命名为"草地"，将该图层调整到"线层"层的下方，"草地底色"层上方，选择该"草地"图层。并调整前景色的 RGB 值为 75，161，41。如图 7-29 所示。

（7）按下【Alt+Backspace】键，将选择的区域填充前景色。填充完再按下【Ctrl+D】，取消选区。

（8）单击菜单栏中的【滤镜】/【杂色】/【添加杂色】命令。在跳出的"添加杂色"对话框中，

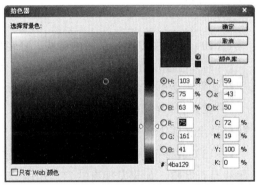

图 7-29　调整前景色参数

见图 7-30，调整参数为：数量 8%，平均分布。效果见图 7-31。

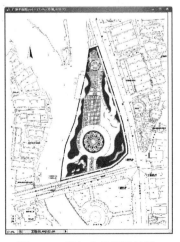

图 7-30　"添加杂色"参数　　　　　　　　　　图 7-31　添加杂色后的效果

（9）选择工具箱中橡皮擦工具 ，调整属性参数为：画笔主直径 600px，硬度为 3%，不透明度为 18%，流量 18%。见图 7-32。

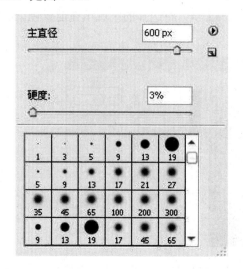

图 7-32　调整橡皮擦参数

（10）使用橡皮擦在草地的中央，轻轻擦拭，使草地中间部分显示出底色黄色（图 7-33）。

（11）在图层面板中单击 按钮，从弹出的菜单栏中选择【投影】命令，在弹出的"图层样式"对话框中设置参数如图 7-34 所示，然后单击"确定"按钮。效果见图 7-35。

（12）制作树群。在"图层"面板上，点击"线层"层。选择工具栏的画笔工具 ，将鼠标移至文件中，点击鼠标右键，在跳出的快捷菜单中，调整参数如图 7-36 所示。

（13）调整前景色为黑色，再将图像放大，检查 CAD 中运用【云线】命令绘制的树群的墨线是否完整，如果发现有缺口，用画笔工具将缺口补齐。如图 7-37 所示。

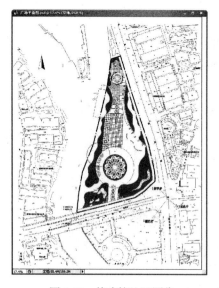

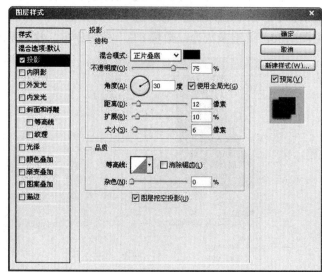

图 7-33　橡皮擦处理图像　　　　　　　　图 7-34　图层样式编辑器

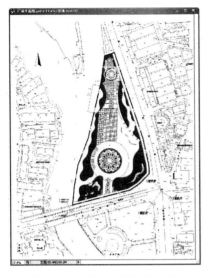

图 7-35　调整后产生阴影的效果

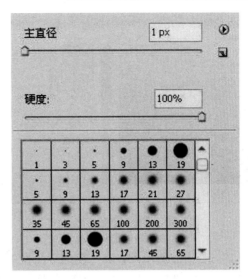

图 7-36　调整画笔工具参数

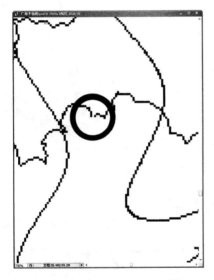
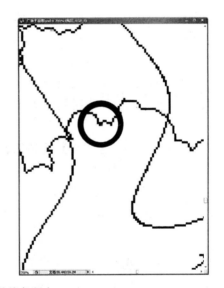

图 7-37　修补线条断点

【补充知识】

　　因像素原因，在 Auto CAD 中运用【云线】命令绘制的树群线条，导入到 Photoshop 中，易产生断点。为了使魔棒工具能选择完整的树群，需要用画笔工具将断掉的墨线点补齐，使树群的线条形成闭合。

　　（14）全部检查完毕后，选择工具栏中魔棒工具，选择全体树群。并调整前景色的 RGB 值为 154，219，62。如图 7-38 所示。

　　（15）在"图层"面板中新建一个图层，命名为"树丛"，将该图层调整到"线层"层的下方，"草地"层上方，选择该"树丛"图层。并按下【Alt+Backspace】，用前景色填充。

　　（16）在图层面板中单击　按钮，从弹出的菜单栏中选择【投影】命令，在弹出的"图层样式"对话框中设置参数如图 7-39 所示，然后单击"确定"按钮。效果见图 7-40。

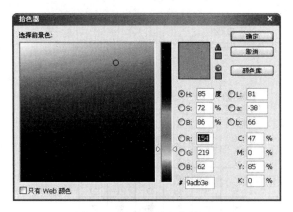

图 7-38　调整前景色参数

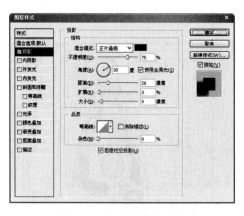

图 7-39　图层样式管理器

（17）制作方形草坪。在"图层"面板中新建一个图层，命名为"草坪"，将该图层调整到"线层"层的下方。

（18）选择工具箱中魔棒工具 ◢。选择"线层"图层，在图像中的方形草坪点击，选择全部草坪区域，见图 7-41。

（19）在图层面板中，选择刚才新建的"草坪"图层。按下【Alt+Backspace】，用前景色填充。效果如图7-42 所示。

（20）单击菜单栏中的【滤镜】/【杂色】/【添加杂色】命令。在跳出的"添加杂色"对话框中，调整参数为：数量 8%，平均分布。见图 7-43。

（21）按下【Ctrl+D】，取消选区。效果如图 7-44所示。

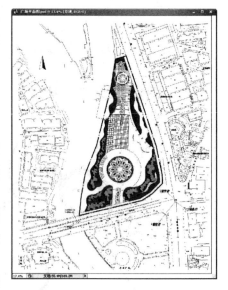

图 7-40　调整后的效果

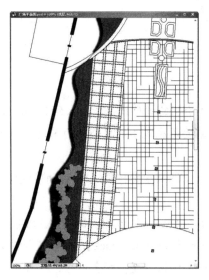

图 7-41　选择方形草坪区域

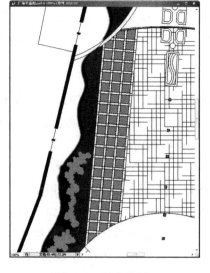

图 7-42　填充草坪

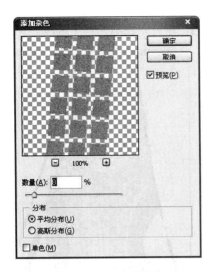

图 7-43 添加杂色

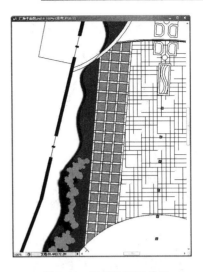

图 7-44 取消选区后效果

7.5 制作广场铺装

制作广场铺装，是广场彩色平面图制作的重要部分。在填充铺装时要注意选择不同区域铺装的准确性。对于封闭区域可以使用魔棒工具 ✻ 进行选择，对于未封闭的区域或魔棒不便选择的区域，可以用各框选工具 ▢ 和索套工具 ◡ 进行选择。

7.5.1 制作北部铺装

（1）选择工具箱中魔棒工具 ✻。选择"线层"图层，将北部铺装的方格间隔着选取一部分。并调整前景色的 RGB 值为 161，177，188；背景色为 212，223，232。如图 7-45、图 7-46所示。

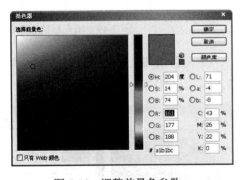

图 7-45 调整前景色参数

图 7-46 调整背景色参数

（2）在"图层"面板中新建一个图层，命名为"铺装"，将该图层调整到"草地底色"层的下方。并选择"铺装"图层。

（3）按下【Alt+Backspace】，用前景色填充选中的区域。如图 7-47 所示。

（4）再选择工具箱中魔棒工具 ✻。选择"线层"图层，将北部铺装的方格剩余的区域选取。

（5）选择"铺装"图层，按下【Ctrl+Backspace】，用背景色填充选中区域。见图7-48。

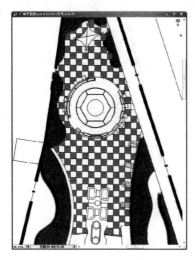

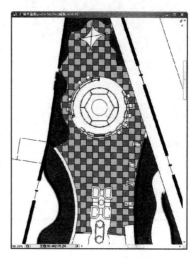

图7-47　填充前景色　　　　　　　　　　　　　图7-48　填充背景色

（6）填充后的效果如图7-49所示。

7.5.2　制作下沉广场

（1）选择工具箱中魔棒工具。选择"线层"图层，将下沉广场中部圆环区域选取。并调整前景色的RGB值为139，116，102。见图7-50。

（2）在"图层"面板中新建一个图层，命名为"地下广场1"，将该图层调整到"铺装"层的下方。

（3）按下【Alt+Backspace】，用前景色填充选中的区域。并按下【Ctrl+D】，取消选择。见图7-51。

（4）选择工具箱中魔棒工具。选择"线层"图层，将下沉广场中部圆环区域选取。并调整前景色的RGB值为140，95，74。见图7-52。

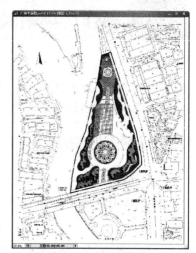

图7-49　填充后的整体效果

（5）在图层面板中，选择"地下广场1"图层。按下【Alt+Backspace】，用前景色填充选中的区域。并按【Ctrl+D】，取消选择。见图7-53。

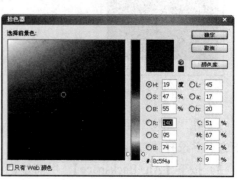

图7-50　调整前景色参数　　　　　　　　　　　　图7-52　调整前景色参数

图 7-51 填充前景色

图 7-53 填充前景色

（6）选择工具箱中魔棒工具 。选择"线层"图层，将下沉广场中部圆环区域选取。并调整前景色的 RGB 值为 218，198，148。见图 7-54。

（7）在图层面板中，选择"地下广场 1"图层。按下【Alt+Backspace】，用前景色填充选中的区域。并按下【Ctrl+D】，取消选择。见图 7-55。

（8）用同样的方法，将剩余区域填充。效果如图 7-56 所示。

（9）选择工具箱中框选工具 ，选择圆形选区。调整属性面板参数如图 7-57 所示。

图 7-54 调整前景色参数

图 7-55 填充前景色

图 7-56 填充前景色

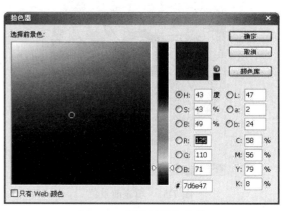

图 7-57　调整属性面板参数

（10）在"图层"面板中新建一个图层，命名为"地下广场 2"，将该图层调整到"地下广场 1"层的上方。并调整前景色的 RGB 值为 125，110，71。见图 7-58。

（11）用鼠标在地下广场的中心处点击，并按下键盘的【Shift】和【Alt】键，绘制两个同心圆。

（12）按下键盘【Alt+Backspace】，用前景色填充选中的区域。并按下【Ctrl+D】，取消选择。见图 7-59。

（13）选择工具箱中魔棒工具。选择

图 7-58　调节前景色参数

"线层"图层，将下沉广场中部圆环区域选取，见图 7-60。并调整前景色的 RGB 值为 160，245，250（见图 7-61）。

图 7-59　填充前景色

图 7-60　填充前景色

（14）在"图层"面板中新建一个图层，命名为"水池"，将该图层调整到"地下广场 1"层的下方。

（15）选择工具栏的渐变工具。在圆形区域内，拉动。形成蓝色的渐变区域。并按下键盘【Ctrl+D】，取消选区（见图 7-62）。

（16）在图层面板中单击按钮，从弹出的菜单栏中选择【内阴影】命令，在弹出的"图层样式"对话框中设置参数如图 7-63 所示，然后单击"确定"按钮。

（17）调整后的效果如图 7-64 所示。

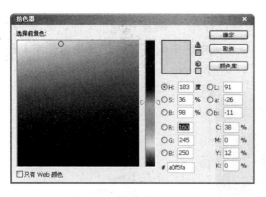

图 7-61 调整前景色参数

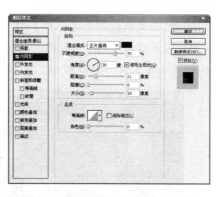

图 7-63 修改图层样式参数—内阴影

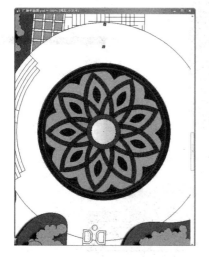

图 7-62 拉动渐变效果

图 7-64 调整内阴影后的效果

（18）在图层面板中，选择"地下广场 2"，单击 *f* 按钮，从弹出的菜单栏中选择【投影】命令，在弹出的"图层样式"对话框中设置参数如图 7-65 所示，然后单击"确定"按钮。效果见图 7-66。

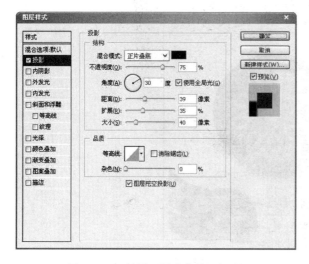

图 7-65 调整图层样式参数—投影

图 7-66 调整好后的效果

（19）单击菜单栏中的【文件】/【打开】命令，打开 "铺装1.jpg" 文件。见图7-67。

（20）按下键盘【Ctrl+A】键，全选图案，单击菜单栏中的【编辑】/【定义图案】命令，在跳出的 "图案名称" 对话框中，点击 "确定"。见图7-68。

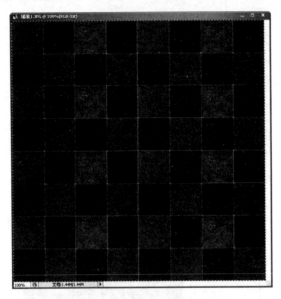

图7-67　打开文件 "铺装1.jpg"

图7-68（a）自定义图案

图7-68（b）修改图案名称

（21）选择工具箱中魔棒工具 。选择 "线层" 图层，选择下沉广场上的区域。见图7-69。

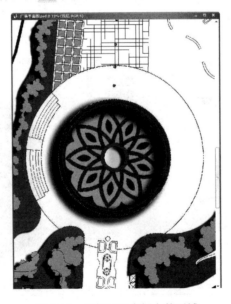

图7-69　选择下沉广场上的区域

（22）在工具栏渐变工具  上长按左键，选择油漆桶工具 。调整属性栏参数，选择刚才自定义的图案，如图 7-70 所示。

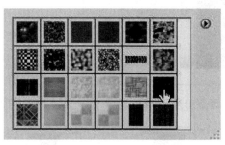

图 7-70　调整图层属性参数

（23）在"图层"面板中新建一个图层，命名为"铺装 1"，将该图层调整到"地下广场 2"层的上方，"线层"层下方。

（24）用油漆桶在选中的区域点击，填充该图案。如图 7-71 所示。

（25）选择工具栏中的索套工具 ，框选圆形铺装北部的铺装区域。见图 7-72。

图 7-71　填充广场图案

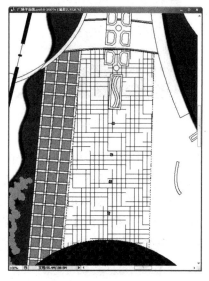

图 7-72　选取铺装区域

（26）在"图层"面板中新建一个图层，命名为"铺装 2"，将该图层调整到"铺装 1"层的上方，"线层"层下方。并选中该图层。

（27）调整前景色的 RGB 值为 233，218，199。见图 7-73。

（28）单击菜单栏中的【滤镜】/【杂色】/【添加杂色】命令。在跳出的"添加杂色"对话框中，调整参数为：数量 11.68%，平均分布，并勾选"单色"。见图 7-74。

（29）按下【Alt+Backspace】键，用前景色填充该区域。见图 7-75。

（30）在"图层"面板中，选择"线层"层。选择工具栏中的魔棒工具 ，选择铺装 2 上方的两块区域。见图 7-76。

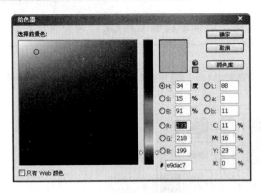

图 7-73　调整前景色参数

图 7-74　添加杂色

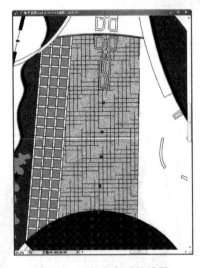

图 7-75　添加杂色后的效果

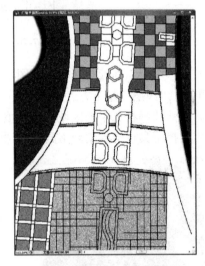

图 7-76　选取填充区域

（31）在"图层"面板中新建一个图层，命名为"铺装 3"，将该图层调整到"铺装 2"层的上方，"线层"层下方。并选中"铺装 3"层。

（32）调整前景色的 RGB 值为 236，223，195。见图 7-77。

（33）单击菜单栏中的【滤镜】/【杂色】/【添加杂色】命令。在跳出的"添加杂色"对话框中，调整参数为：数量 11.68%，平均分布，并勾选"单色"。见图 7-78。

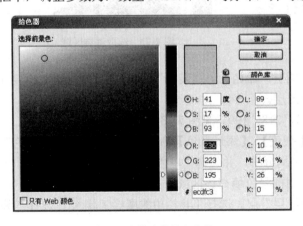

图 7-77　修改前景色参数

图 7-78　添加杂色

（34）单击菜单栏中的【文件】/【打开】命令，打开已经渲染好的"铺装 2.jpg"文件（图 7-79）。

（35）单击菜单栏中的【图像】/【图像大小】命令，调整图像宽度和高度均为 3 厘米（图 7-80）。

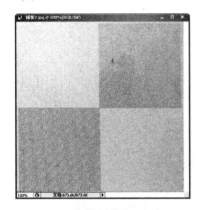  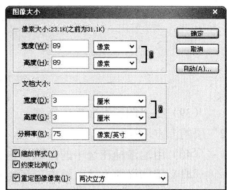

图 7-79　打开文件"铺装 2.jpg"　　　　　　　　图 7-80　修改图像大小

（36）按下【Ctrl+A】，全选图案，单击菜单栏中的【编辑】/【定义图案】命令，在跳出的"图案名称"对话框中，点击"确定"。如图 7-81 所示。

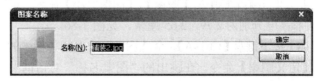

（a）定义图案　　　　　　　　　　　　（b）修改图案名称

图 7-81

（37）选择工具箱中魔棒工具。选择"线层"图层，选择圆形广场西面的区域。

（38）在工具栏渐变工具上长按左键，选择油漆桶工具。调整属性栏参数，选择刚才自定义的图案，如图 7-82 所示。

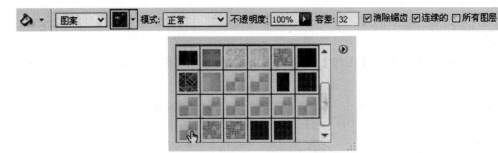

图 7-82　修改图案属性参数

（39）在"图层"面板中新建一个图层，命名为"铺装 4"，将该图层调整到"地下广场2"层的上方，"线层"层下方。

（40）用油漆桶在选中的区域点击，填充该图案。见图 7-83。

（41）用同样的方法，填充广场南部入口处铺装（图 7-84）。

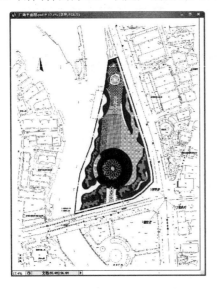

图 7-83　填充后的效果

图 7-84　填充南部入口铺装

（42）制作滨河道路铺装。单击菜单栏中的【文件】/【打开】命令，打开已经渲染好的"铺装 3.jpg"文件（图 7-85）。

（43）单击菜单栏中的【图像】/【图像大小】命令，调整图像宽度和高度分别为 2.79，2.65 厘米，见图 7-86。

（44）按下键盘【Ctrl+A】，全选图案，单击菜单栏中的【编辑】/【定义图案】命令，在跳出的"图案名称"对话框中，点击"确定"。

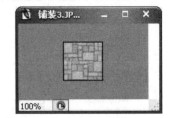

图 7-85　打开文件"铺装 3.jpg"

（45）选择工具箱中魔棒工具。选择"线层"图层，选择河流边的狭长区域。

（46）在工具栏渐变工具上长按左键，选择油漆桶工具。调整属性栏参数，选择刚才自定义的图案。

（47）在"图层"面板中新建一个图层，命名为"铺装 4"，将该图层调整到"地下广场2"层的上方，"线层"层下方。

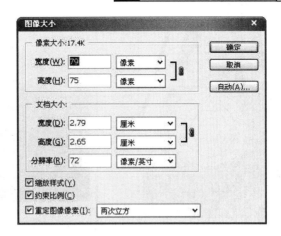

图 7-86　修改图像大小

（48）用油漆桶在选中的区域点击，填充该图案（图 7-87）。

（49）用刚才的方法，打开"铺装 4"文件。调整图像宽度和高度分别为 3.5 厘米。并制作图案。

（50）填充区域如图 7-88 所示。

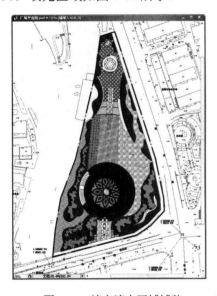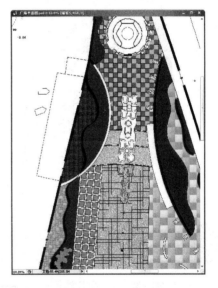

图 7-87　填充滨水区域铺装　　　　　　　　　图 7-88　填充滨水部分铺装

（51）选择工具箱中魔棒工具 。选择"线层"图层，选择广场北部圆形铺装的一部分区域（图 7-89）。

（52）在"图层"面板中新建一个图层，命名为"圆形铺装"，将该图层调整到"地下广场 2"层的上方，"线层"层下方。

（53）调整前景色的 RGB 值为 140，95，74。并按下【Alt+Backspace】，填充该区域，见图 7-90 和图 7-91。

（54）用刚才的方法，填充剩余的区域，并调整其前景色的 RGB 值为 218，198，148。填充后的效果如图 7-92 所示。

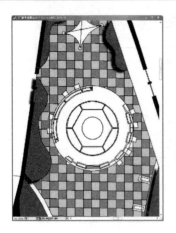

图 7-89　选择圆形铺装区域　　　　　　　图 7-90　修改前景色参数

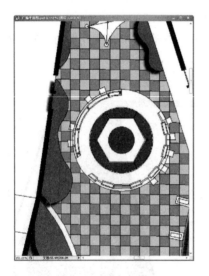

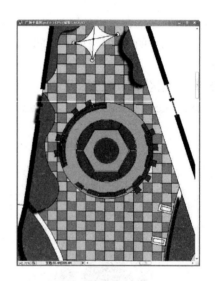

图 7-91　填充色彩　　　　　　　　图 7-92　继续填充色彩

7.6 制作景观构架

（1）制作木构架。选择工具箱中魔棒工具。选择"线层"图层，选择广场北部弧形的构架区域（如图 7-93）。

（2）在"图层"面板中新建一个图层，命名为"木构架"，将该图层调整到"草坪"层的上方，"线层"层下方。

（3）按下【Alt+Backspace】键，用刚才的前景色填充。

（4）单击菜单栏中的【滤镜】/【杂色】/【添加杂色】命令。在跳出的"添加杂色"对话框中，调整参数为：数量 6.68%，平均分布，并勾选"单色"。见图 7-94。

（5）在图层面板中，单击 按钮，从弹出的菜单栏中选择【投影】命令，在弹出的"图层样式"对话框中设置参数如图 7-95 所示，然后单击"确定"按钮。

（6）调整后的效果如图 7-96 所示。

（7）此时的整体效果如图 7-97 所示。

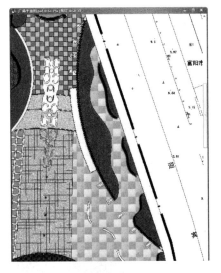

图 7-93　选择木构架区域

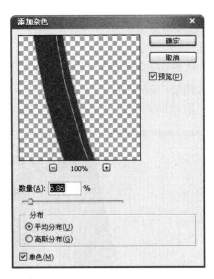

图 7-94　添加杂色

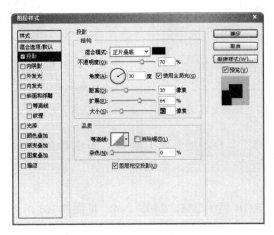

图 7-95　修改图层样式参数

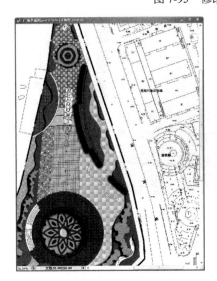

图 7-96　添加阴影后的效果

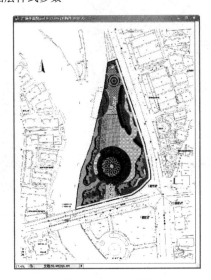

图 7-97　整体效果

（8）放大图像至图 7-98 区域。选择工具箱中魔棒工具 ，选择"线层"图层，选择该段弧形的区域。

（9）在"图层"面板中新建一个图层，命名为"边缘"，将该图层调整到"草坪"层的上方，"木构架"层下方。

（10）用相同的前景色，填充该区域，如图 7-99 所示。

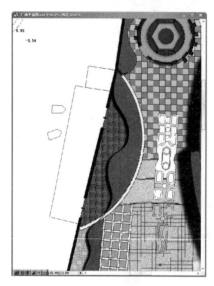

图 7-98　继续选择填充区域

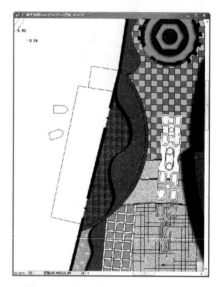

图 7-99　继续填充区域

（11）制作看台。选择工具栏中的索套工具 ，框选看台的区域（图 7-100）。

（12）在图层面板中新建一个图层，命名为"看台"，将该图层调整到"线层"层下方。并选中该图层。

（13）调整前景色的 RGB 值为 255，246，194。见图 7-101。

图 7-100　选择看台区域

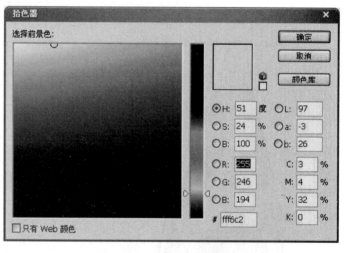

图 7-101　修改前景色参数

（14）按下【Alt+Backspace】键，用前景色填充该区域（如图 7-102）。

（15）在图层面板中，单击 按钮，从弹出的菜单栏中选择【投影】命令，在弹出的"图层样式"对话框中设置参数如图 7-103 所示，然后单击"确定"按钮。

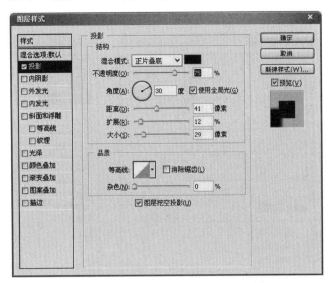

图 7-102　填充看台区域色彩　　　　　　图 7-103　修改图层样式参数

（16）调整后的效果如图 7-104 所示。

（17）制作方形草坪硬质铺装。放大图像至图 7-105 区域。选择工具箱中魔棒工具 。选择"线层"图层，选择图 7-105 区域。

（18）在"图层"面板中新建一个图层，命名为"铺装 7"，将该图层调整到"铺装 3"层的上方。调整前景色的 RGB 值为 197，206，222。

（19）按下【Alt+Backspace】键，用前景色填充。

（20）单击菜单栏中的【滤镜】/【杂色】/【添加杂色】命令。在跳出的"添加杂色"对话框中，调整参数为：数量 15.06%，平均分布，并勾选"单色"。见图 7-106。

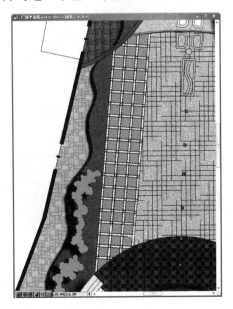

图 7-104　添加阴影后的效果　　　　　　图 7-105　选择铺装区域

（21）在图层面板中，选中"草坪"层。单击 *f* 按钮，从弹出的菜单栏中选择【内投影】命令，在弹出的"图层样式"对话框中设置参数如图 7-107 所示，然后单击"确定"按钮。

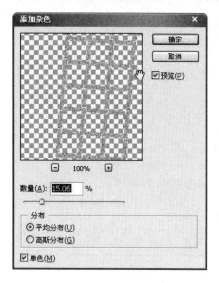

图 7-106　添加杂色

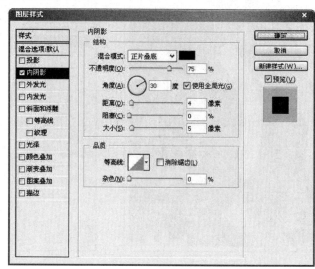

图 7-107　修改图层样式参数

（22）调整后的效果如图 7-108 所示。

（23）制作玻璃构架。放大图像至图 7-109 的区域。选择工具箱中魔棒工具 。选择"线层"图层，选择图 7-109 正六边形区域。

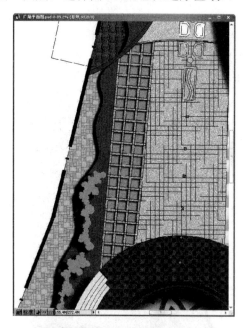

图 7-108　调整内阴影后的效果

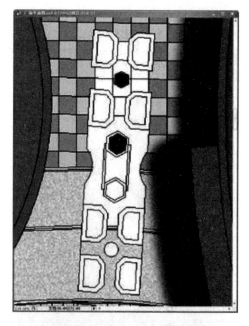

图 7-109　选择填充区域

（24）调整前景色的 RGB 值为 59，129，225。见图 7-110。

（25）在"图层"面板中新建一个图层，命名为"玻璃构件"，将该图层调整到"线层"层的下方。

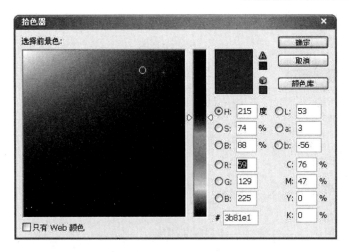

图 7-110　修改前景色参数

（26）选择工具栏的渐变工具 ，调整属性栏参数。选择"角度渐变"。如图 7-111 所示。在正六边形区域内拉动。形成蓝色的渐变区域。并按下【Ctrl+D】，取消选区，如图 7-112 所示。

图 7-111　修改渐变属性参数

（27）在图层面板中单击 按钮，从弹出的菜单栏中选择【投影】命令，在弹出的"图层样式"对话框中设置参数如图 7-113 所示，然后单击"确定"按钮。

（28）调整后的效果如图 7-114 所示。

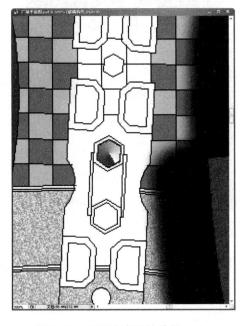

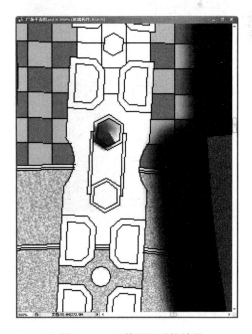

图 7-112　拉动渐变后的效果　　　　　　　图 7-114　调整阴影后的效果

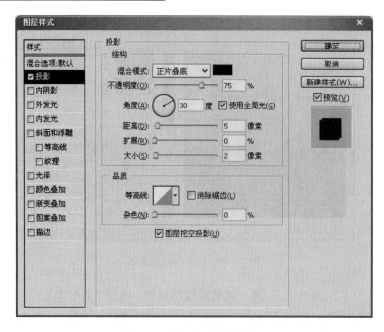

图 7-113　修改图层样式参数

（29）选择工具栏移动命令 ，按住【Alt】键，移动复制数个玻璃构件副本到相应的位置，如图 7-115 所示。

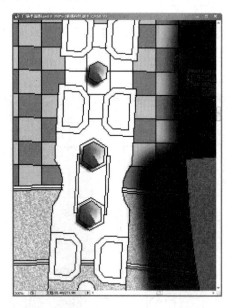

图 7-115　移动复制

（30）选择工具箱中魔棒工具 。选择"线层"图层，选择玻璃构件周围为制作区域（图 7-116）。

（31）在"图层"面板中新建一个图层，命名为"铺装 8"，将该图层调整到"铺装 7"层的上方。调整前景色的 RGB 值为 220，225，242。见图 7-117。

（32）按下【Alt+Backspace】键，用前景色填充。

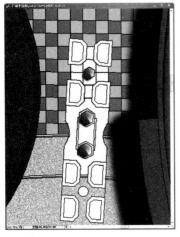
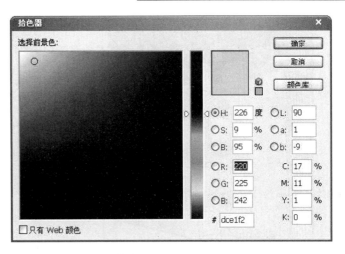

图 7-116 选取填充区域　　　　　　　　　　　图 7-117 修改前景色参数

（33）单击菜单栏中的【滤镜】/【杂色】/【添加杂色】命令。在跳出的"添加杂色"对话框中，调整参数为：数量 8.3%，平均分布，并勾选"单色"。见图 7-118。

（34）填充后的效果如图 7-119 所示。

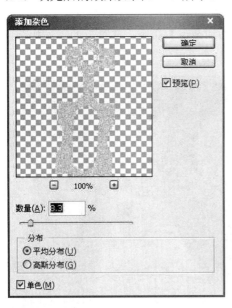
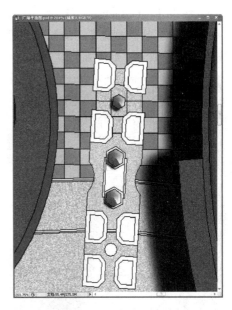

图 7-118 添加杂色　　　　　　　　　　　　图 7-119 填充铺装

（35）用同样的方法，在同一图层上，制作南部广场入口处的区域。调整前景色的 RGB 值为 233，220，192。见图 7-120。

（36）单击菜单栏中的【滤镜】/【杂色】/【添加杂色】命令。在跳出的"添加杂色"对话框中，调整参数为：数量 8.3%，平均分布，并勾选"单色"。调整后的效果见图 7-121。

（37）制作花坛。选择工具箱中魔棒工具 。选择"线层"图层，选择花坛边缘的区域（图 7-122）。

（38）在"图层"面板中新建一个图层，命名为"花坛边缘"，将该图层调整到"铺装 7"层的上方。调整前景色的 RGB 值为 244，245，255。

图 7-120　填充铺装

图 7-121　添加杂色

（39）按下【Alt+Backspace】键，用前景色填充。

（40）单击菜单栏中的【滤镜】/【杂色】/【添加杂色】命令。在跳出的"添加杂色"对话框中，调整参数为：数量 8.3%，平均分布，并勾选"单色"。如图 7-123 所示

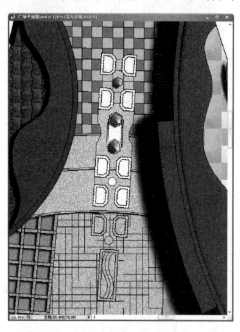

图 7-122　选取花坛边缘区域

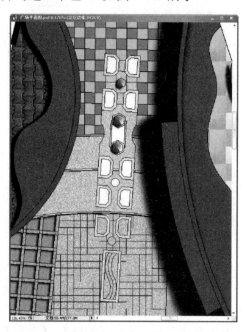

图 7-123　添加杂色

（41）在图层面板中单击 ⓕ 按钮，从弹出的菜单栏中选择【投影】命令，在弹出的"图层样式"对话框中设置参数如图 7-124 所示，然后单击"确定"按钮。

（42）调整后的效果见图 7-125。

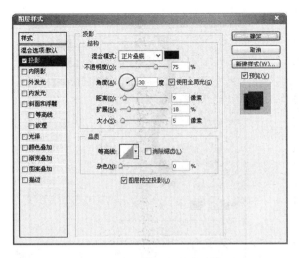

图 7-124 调整图层样式参数

图 7-125 调整后的效果

（43）制作花坛草坪。选择工具箱中魔棒工具 。选择"线层"图层，选择花坛内的区域。调整前景色的 RGB 值为 138，201，70。

（44）在图层面板中，选择"草坪"图层。按下【Alt+Backspace】键填充。最后按下【Ctrl+D】，取消选区，见图 7-126。

（45）用同样的方法，填充木构架下的花坛边缘。见图 7-127。

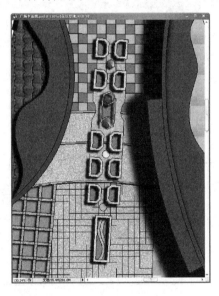

图 7-126 添加花坛草坪

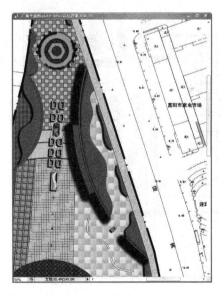

图 7-127 添加花坛草坪

（46）绘制模纹花坛。选择工具箱中魔棒工具 。选择"线层"图层，选择模纹花坛的一边。调整前景色的 RGB 值为 237，10，53。见图 7-128。

（47）在"图层"面板中新建一个图层，命名为"模纹花坛"，将该图层调整到"草坪"层的上方。按下【Alt+Backspace】键，用前景色填充。

（48）单击菜单栏中的【滤镜】/【杂色】/【添加杂色】命令。在跳出的"添加杂色"对话框中，调整参数为：数量 8.3%，平均分布，并勾选"单色"。见图 7-129。

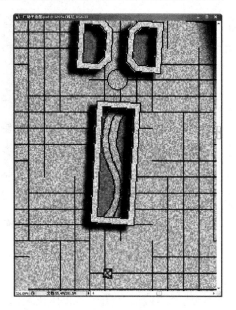

图 7-128　选择填充区域

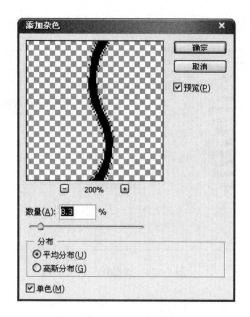

图 7-129　添加杂色

（49）用同样的方法，在另外一边填充黄色，见图 7-130，其 RGB 值为 248，245，12。

（50）用同样的方法填充东南面的模纹花坛。见图 7-131。

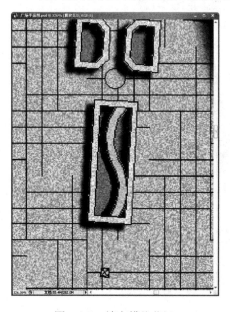

图 7-130　填充模纹花坛

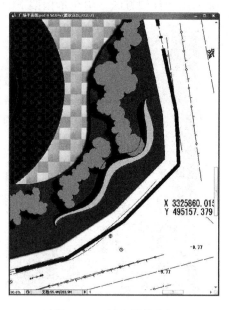

图 7-131　填充模纹花坛

（51）在"模纹花坛"层选中的情况下，在图层面板中单击 按钮，从弹出的菜单栏中选择【投影】命令，在弹出的"图层样式"对话框中设置参数如图 7-132 所示，然后单击"确定"按钮。

（52）调整后的效果见图 7-133。

（53）制作斜拉膜。选择工具箱中魔棒工具 。选择"线层"图层，选择斜拉膜的三角形区域。调整前景色的 RGB 值为 221，226，230。见图 7-134。

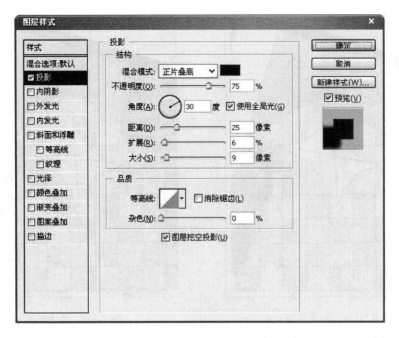

图 7-132　调整图层样式参数

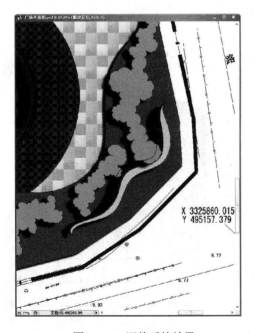

图 7-133　调整后的效果

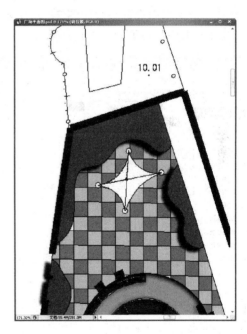

图 7-134　选择斜拉膜区域

（54）在"图层"面板中新建一个图层，命名为"斜拉膜"。

（55）选择工具栏的渐变工具 ，调整属性栏参数。选择"线性渐变"。在斜三角形区域内拉动。形成灰色的渐变区域，中心附近的颜色应深一些。并按下【Ctrl+D】键，取消选区。见图 7-135。

（56）用这种方法，一次渐变填充其余三个面。形成斜拉膜的效果。见图 7-136。

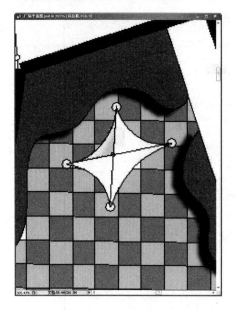

图 7-135 渐变填充

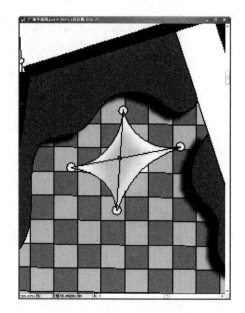

图 7-136 渐变填充

（57）在图层面板中单击 按钮，从弹出的菜单栏中选择【投影】命令，在弹出的"图层样式"对话框中设置参数如图 7-137 所示，然后单击"确定"按钮。

（58）形成的效果如图 7-138 所示。

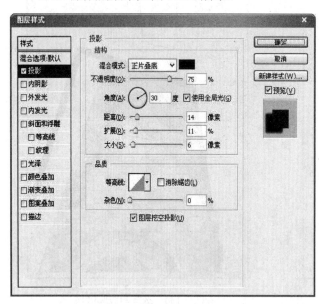

图 7-137 调整图层样式参数

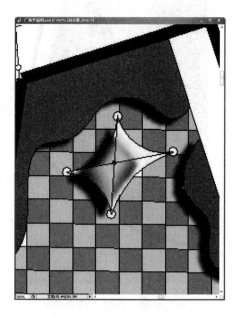

图 7-138 添加阴影后的效果

（59）按全屏显示广场平面图，效果如图 7-139 所示。

（60）制作人行道。选择工具箱中魔棒工具。选择"线层"图层，选择人行道区域。调整前景色的 RGB 值为 248，235，207。新建一图层，命名为"人行道"。

（61）单击菜单栏中的【滤镜】/【杂色】/【添加杂色】命令。在跳出的"添加杂色"对话框中，调整参数为：数量 24.23%，平均分布，并勾选"单色"。见图 7-140。

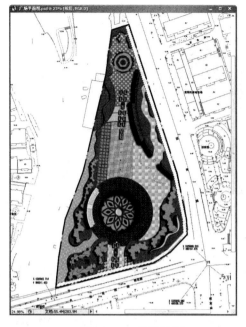

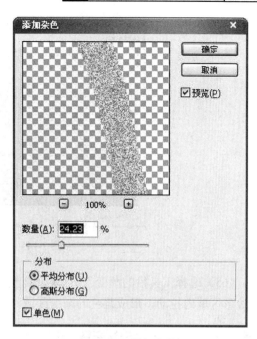

图 7-139　整体效果

图 7-140　添加杂色

（62）绘制后的效果如图 7-141 所示。

（63）制作玻璃房。选择工具箱中的索套工具 。在一个玻璃房上框选。见图 7-142。

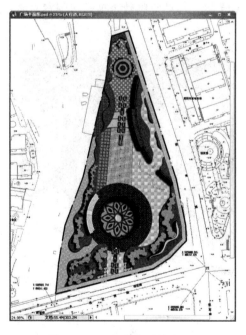

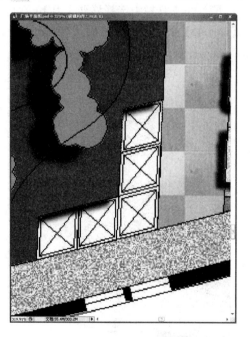

图 7-141　添加杂色后的效果

图 7-142　选择玻璃房区域

（64）在图层面板中，新建一个图层，命名为"玻璃房"。并调整前景色 RGB 值为 90，136，199。见图 7-143。

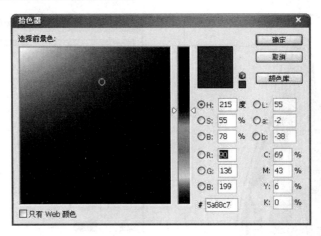

图 7-143　调整前景色区域

（65）选择工具栏的渐变工具 ，调整属性栏参数（图 7-144）。选择"角度渐变"。在四边形区域内拉动。形成蓝色的渐变区域。

图 7-144　修改渐变参数

（66）形成效果如图 7-145 所示。

（67）在工具栏中选择移动工具 ，按住【Alt】键，移动复制数个玻璃房图案。最后按下【Ctrl+D】键取消选区。如图 7-146 所示。

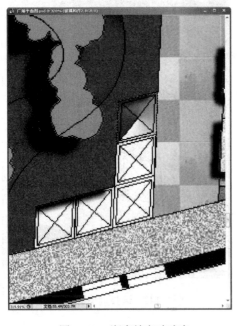

图 7-145　渐变填充玻璃房

图 7-146　移动复制

（68）在图层面板中单击 按钮，从弹出的菜单栏中选择【投影】命令，在弹出的"图层样式"对话框中设置参数，如图 7-147 所示。然后单击"确定"按钮，效果如图 7-148 所示。

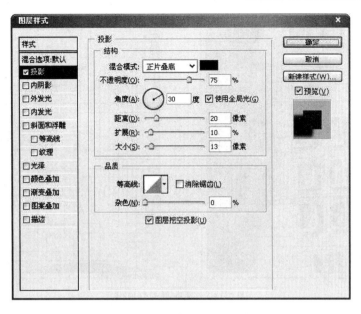

图 7-147 调整图层样式参数

（69）制作景墙。用前面的方法填充该区域，选择前景色的 RGB 值为 255，246，194。并给其添加阴影。效果如图 7-149 所示。

（70）制作景观灯饰。选择工具箱中魔棒工具 。选择"线层"图层，选择斜拉膜的三角形区域。调整前景色的 RGB 值为 221、226、230。如图 7-150 所示。

图 7-148 添加投影后的效果

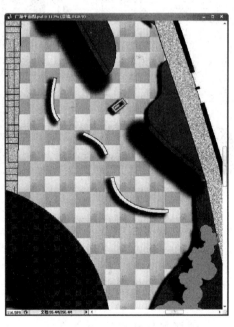

图 7-149 填充景墙效果

（71）用前景色填充，并添加阴影。调整后的效果如图 7-151 所示。

（72）制作木质平台。单击菜单栏中的【文件】/【打开】命令，打开"WOOD043.jpg"文件（图 7-152）。

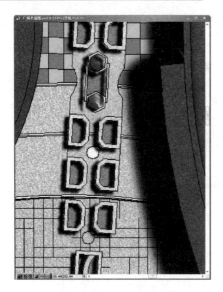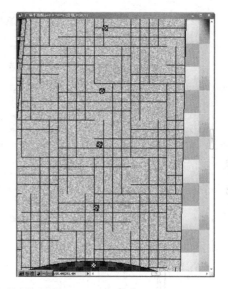

图 7-150　选取景观灯区域

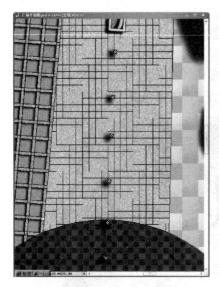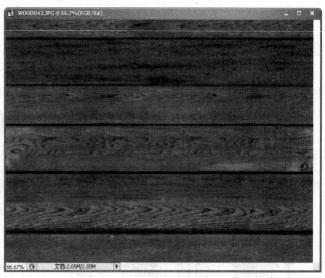

图 7-151　添加景观灯阴影　　　　图 7-152　打开文件 "WOOD043.jpg"

（73）按下【Ctrl+A】键，全选该图像。在选择工具栏的移动工具 ，按下【Alt】键的同时，移动复制该图像到"广场平面图"文件中如图 7-153 所示。

（74）单击菜单栏的【编辑】/【变换】/【旋转】，调整木板图案的方向和线层的木平台方向一致。然后再单击菜单栏的【编辑】/【变换】/【放缩】，调整木板图案的大小。如图 7-154 所示。

（75）选择工具栏的 框选命令，框选变化后的木纹图像，再点击 移动工具，按住【Alt】键的同时，向右上方拖动选中的木纹图像，即可移动复制一块相同的木纹图案，使两块木纹形成一条整体。见图 7-155。

（76）用相同的方法再移动复制一块，最后按下键盘的【Ctrl+D】，取消选区。见图 7-156。

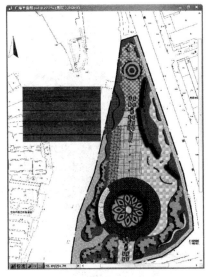

图 7-153 移动复制到图像中

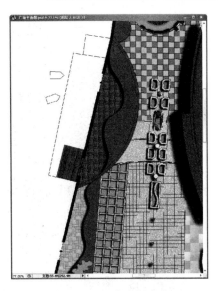

图 7-154 调整木板大小

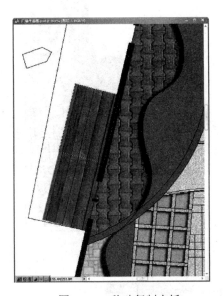

图 7-155 移动复制木板

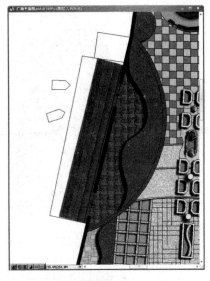

图 7-156 继续移动复制

（77）再次选择工具栏的 框选命令，框选刚才复制后的木纹图像，再点击 移动工具，按住【Alt】键的同时，向左拖动选中的木纹图像，即可移动复制木纹图案。最后按下【Ctrl+D】取消选区。见图 7-157。

（78）点击 移动工具，按住【Alt】键的同时，向右上方拖动木纹图像，即再次移动复制木纹图案。见图 7-158。

（79）点击选择工具栏的索套工具 ，框选如图 7-159 所示的区域，最后按下【Del】键，将所选的区域删除，如图 7-160 所示。

（80）在图层面板中单击 按钮，从弹出的菜单栏中选择【投影】命令，在弹出的"图层样式"对话框中设置参数如图 7-161 所示，然后单击"确定"按钮。效果如图 7-162 所示。

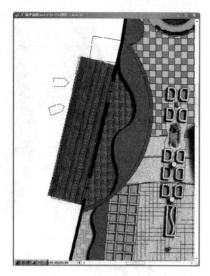

图 7-157　继续移动复制

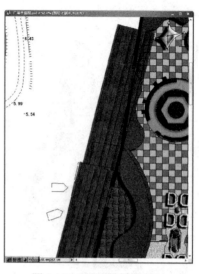

图 7-158　继续移动复制

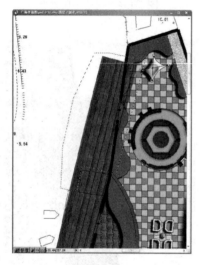

图 7-159　框选复制的木板

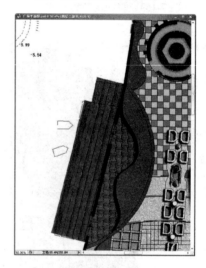

图 7-160　调整大小

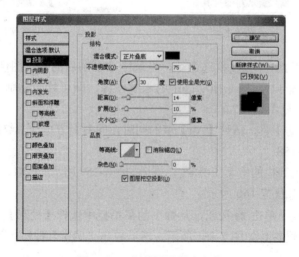

图 7-161　调整图层样式参数

（81）整屏幕显示，整体效果如图 7-163 所示。

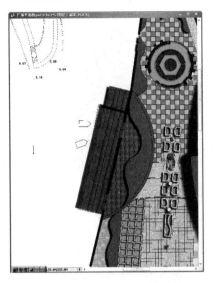
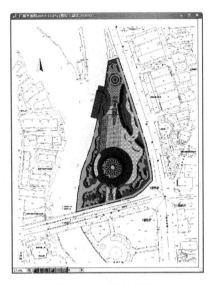

图 7-162　添加阴影后的效果　　　　　　　图 7-163　整体效果

7.7　制作广场彩色平面图背景

（1）制作河流效果。选择工具箱中的索套工具 ，在河流的位置进行精细的框选。此时的操作技巧在于放大图像进行精细绘制，移动图像时按住键盘的空格键。如图 7-164 所示。

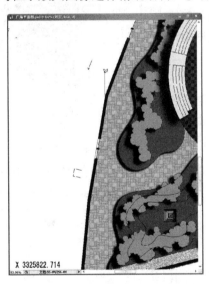
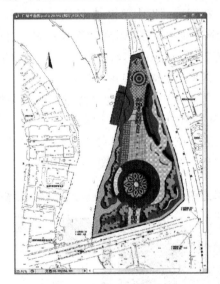

图 7-164　选择河流区域

（2）在图层面板中，新建一图层，命名为"河流"。调整前景色的 RGB 值为 127，154，193。选择工具栏的渐变工具 。在河流的区域内拉动。形成蓝色的水体渐变区域。并按下【Ctrl+D】取消选区。如图 7-165 所示。

（3）用同样的方法绘制出下方的河流效果，如图 7-166 所示。

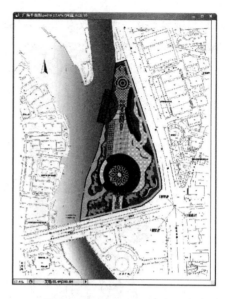

图 7-165　渐变填充河流区域　　　　图 7-166　继续填充河流区域

（4）再用索套工具 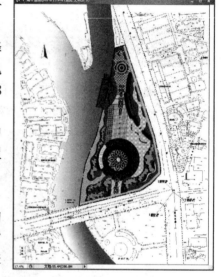，框选道路的区域。并新建一图层为"道路"。见图 7-167。

（5）调整前景色的 RGB 值为 118，123，123。选择工具栏的渐变工具。在道路的区域内拉动。形成灰色的道路渐变区域。并按下【Ctrl+D】取消选区。见图 7-168 和图 7-169。

（6）在图层面板中单击 按钮，从弹出的菜单栏中选择【投影】命令，在弹出的"图层样式"对话框中设置参数如图 7-170 所示，然后单击"确定"按钮。

（7）调整后的效果见图 7-171。

（8）再新建一个图层为"背景"层，调整前景色的 RGB 值为 146，192，107。用索套工具 ，在剩余的背景未上色区域框选。最后选择工具栏的渐变工具 ，进行渐变填充。见图 7-172 和图 7-173 所示。

图 7-167　选择道路区域

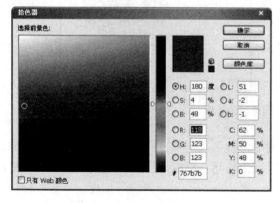

图 7-168　调整前景色参数

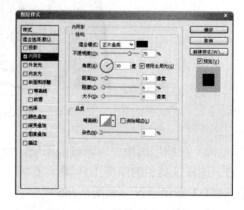

图 7-170　调整图层样式参数

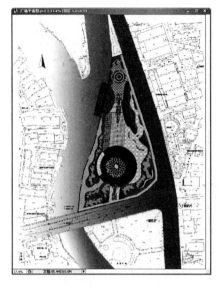

图 7-169 渐变填充道路区域

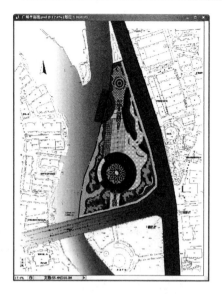

图 7-171 添加内阴影后的效果

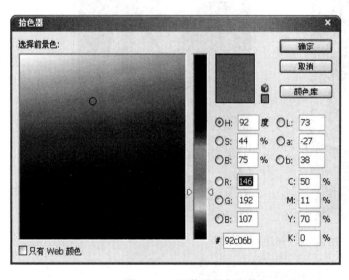

图 7-172 调整前景色参数

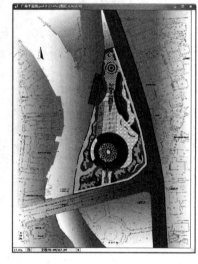

图 7-173 渐变填充

7.8 添加植物配景

（1）添加植物 1。单击菜单栏中【文件】/【打开】命令，打开"PS 图像"/"广场平面效果图"文件夹中的"植物1.psd"。如图 7-174 所示。

（2）按键盘上的【Ctrl+A】，全选图像，然后点击 移动工具，将图像拖动到"广场平面图.psd"文件中。并将该图层改名为"植物 1"。如图 7-175 所示。

（3）调整植物颜色。选择图像调整中的【亮度】/【对比度】，亮度和对比度分别为-11，+19。

（4）选择工具栏的 框选命令，框选植物 1，在点击 移动工具，按住 Alt 键的同时，向右上方拖动选中的植物，即可移动复制相同的植物图例。如图 7-176、图 7-177 所示。

图 7-174　打开文件"植物 1.psd"

图 7-175　移动复制植物

图 7-176　移动复制植物

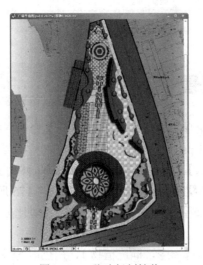

图 7-177　移动复制植物

（5）在图层面板中单击 ∱ 按钮，从弹出的菜单栏中选择【投影】命令，在弹出的"图层样式"对话框中设置参数如图 7-178 所示，然后单击"确定"按钮。

（6）调整好的效果见图 7-179。

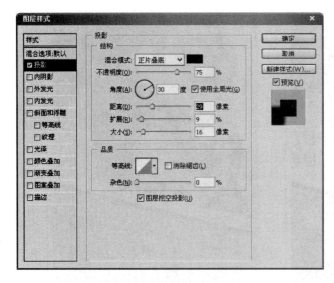

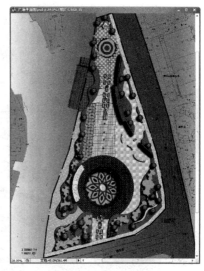

图 7-178　调整图层样式参数　　　　　　　图 7-179　调整好后的效果

（7）添加植物 2。单击菜单栏中【文件】/【打开】命令，打开"PS 图像"/"广场平面效果图"文件夹中的"植物 2.psd"。见图 7-180。

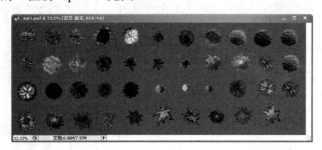

图 7-180　打开文件"植物 2.psd"

（8）择工具栏的 ▯▯▯ 框选命令，框选植物，在点击 ▸◂ 移动工具，按住【Alt】键的同时，把"广场平面图.psd"复制到适当的位置，并将该图层命名为"植物 2"。如图 7-181、图 7-182所示。

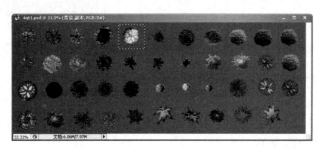

图 7-181　框选植物

（9）单击【编辑】/【变换】/【放缩】，调整植物 2 的大小。如图 7-183 所示。

（10）在图层面板中单击 *f* 按钮，从弹出的菜单栏中选择【投影】命令，在弹出的"图层样式"对话框中设置参数如图 7-184 所示，然后单击"确定"按钮。效果如图 7-185 所示。

图 7-182　移动复制植物

图 7-183　调整植物大小

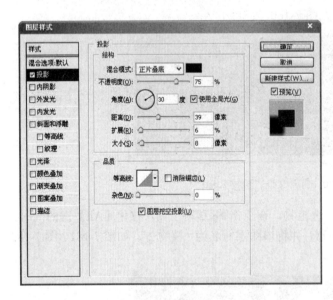

图 7-184　调整图层样式参数

图 7-185　调整图层样式参数后的效果

（11）选择工具栏的 框选命令，框选植物 1，再点击 移动工具，按住【Alt】键的同时，向右上方拖动选中的植物，即可移动复制相同的植物图例。见图 7-186。

（12）添加植物 3。单击菜单栏中【文件】/【打开】命令，打开"PS 图像"/"广场平面效果图"文件夹中的"植物 3.psd"。

（13）选择工具栏的 框选命令，框选植物，再点击 移动工具，按住【Alt】键的同时，把"广场平面图.psd"复制到适当的位置，并将该图层命名为"植物 3"。如图 7-187 所示。

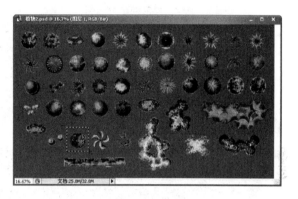

图 7-186　移动复制植物图例　　　　　　图 7-187　框选植物

（14）单击【编辑】/【变换】/【放缩】，调整植物 2 的大小。如图 7-188 所示。

（15）在图层面板中单击 f 按钮，从弹出的菜单栏中选择【投影】命令，在弹出的"图层样式"对话框中设置参数如图 7-189 所示，然后单击"确定"按钮。

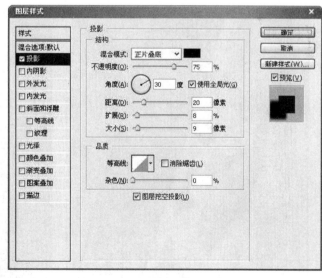

图 7-188　调整植物的大小　　　　　　　图 7-189　调整图层样式参数

（16）再次选择工具栏的 框选命令，框选植物，再点击 移动工具，按住【Alt】键的同移动复制数颗植物，如图 7-190、图 7-191 和图 7-192 所示。形成的效果见图 7-193。

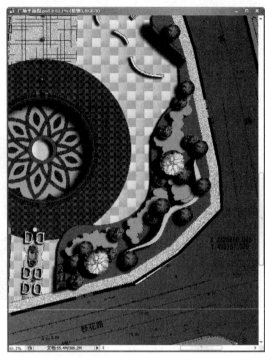

图 7-190　移动复制植物图例（一）

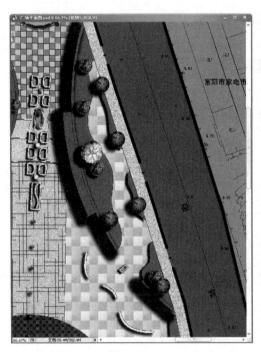

图 7-191　移动复制植物图例（二）

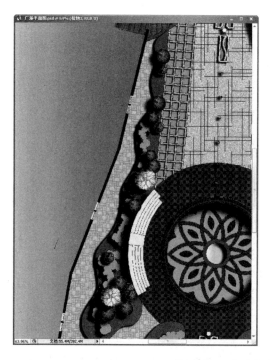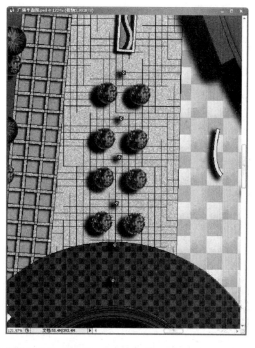

图 7-192　移动复制植物图例（三）

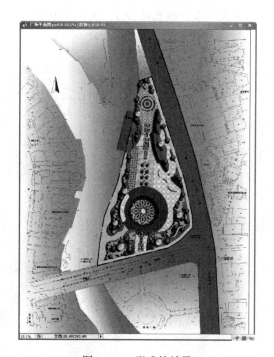

图 7-193　形成的效果

（17）最后在"植物 3.psd"文件中，选择植物 4，移动复制到平面图中的滨河的位置。并添加阴影效果。如图 7-194 所示。

（18）补充数颗植物。在工具栏中选择移动工具 ，把鼠标移动到任意一个植物 1 上，点击右键，选择"植物 1"。如图 7-195 所示。

图 7-194　移动复制植物图例

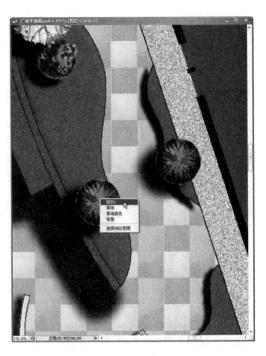

图 7-195　选择图例图层

（19）选择工具栏的 ▢ 框选命令，框选植物 1，如图 7-196 所示，再点击 ▶⊕ 移动工具，按住【Alt】键的同时，移动复制数颗植物。如图 7-197 所示。

图 7-196　框选该植物图例

图 7-197　移动复制植物图例

（20）在图层面板中，将"木质构架"图层移动到"植物 1"层的上方。见图 7-198。

（21）填充小船。用前面的方法，给小船填充颜色，并制作阴影。见图 7-199。

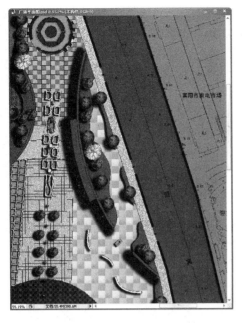

图 7-198　调整图层顺序

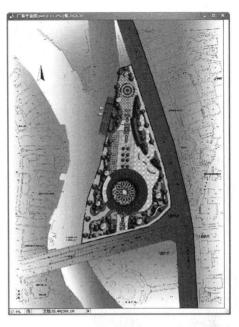

图 7-199　填充小船

7.9 修饰图像

（1）点击工具栏的剪裁工具 **ᄇ**，在图像中选择剪裁的位置。见图 7-200。

（2）双击图像，完成剪裁过程。

（3）单击菜单栏的【文件】/【另存为】命令，将文件另存为"广场彩色平面图.jpg"文件。最终效果见图 7-201。

图 7-200　剪裁图像

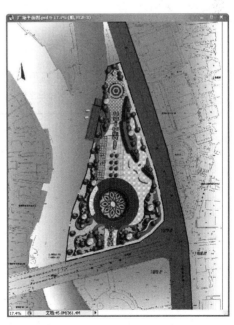

图 7-201　最终效果

8

别墅庭院鸟瞰图后期处理

本章导读

掌握 Photoshop 通道合并的方法，理解鸟瞰视图和局部透视图之间的关系；灵活运用前 6 章各个命令来表现空间关系，具备 Photoshop 鸟瞰图的表现能力。

　　景观规划设计项目中，别墅庭院设计作为构建理想人居环境的一环，越来越受到人们的重视。人们从原先的只重室内装饰，发展为更注重居住的整体空间，相应地在环境艺术设计领域，从室内扩展到了室外。室外庭院的设计与室内装饰设计统一起来，共同建立理想的居住空间，给人们以美的享受。

　　别墅庭院效果图旨在表达庭院设计的意图、效果，为业主和设计师提供一个交流的平台。本章选择了鸟瞰视图进行绘制讲解，鸟瞰图和局部透视图相比有一定的优越性，能较清晰和全面反映设计场地的整体布局形式，为业主提供更直观的画面效果，利于设计师设计意图的表达。如图8-1所示为别墅庭院鸟瞰效果图。

　　但大凡鸟瞰图的绘制在高等学校的计算机辅助教学中不太涉及，除了鸟瞰图的绘制相对于局部透视更复杂外，鸟瞰图的绘制对于电脑的硬件配置的要求也较高，3DS MAX 模型绘制占用了大量的电脑资源，一般的电脑硬件配置不能完成工作。但本章选择的是别墅庭院，相对其他大型鸟瞰图，其图形资源相对较少，一般的硬件配置即能完成。

图 8-1　别墅庭院鸟瞰效果图

8.1　分析平面图

　　制作效果图，首先要分析平面图，了解项目设计的空间布局和理解设计师整体设计构思至关重要，这决定了效果图能否较好地表达设计效果，反映设计师设计的真实意图。

8.1.1　阅读 CAD 文件

　　（1）启动 Auto CAD 中文版软件。

　　（2）单击菜单栏中【文件】/【打开】命令，打开"CAD 文件"/"别墅庭院鸟瞰图"文件夹中的"庭院平面图"，如图8-2所示。

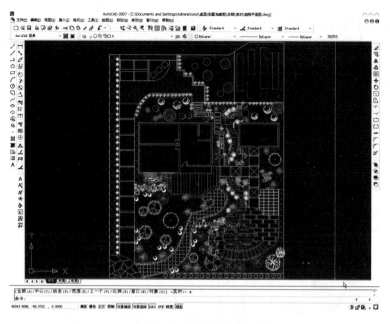

图 8-2 庭院平面图

8.1.2 分析 CAD 文件

图 8-3 为别墅彩色平面图。通过阅读平面图，能清楚发现别墅庭院的整体布局形式：场地中有两个主要建筑，西面体量较大建筑为别墅主体建筑，东面为厨房。两个主要建筑将庭院划分为南部的前庭和建筑北部的后庭。前庭和后庭有一水池贯穿。前庭由花架和洗衣房围合了一块场地，这里为房主人室外休憩活动的主要空间。后庭由车库、菜地和绿化组成。

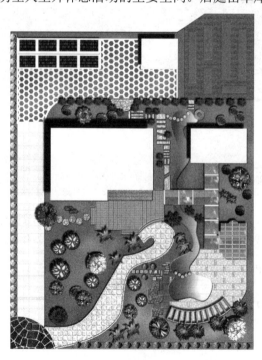

图 8-3 别墅彩色平面图

按照景观效果图的一般制作方法，应该将 CAD 文件导入到 3DS MAX 中，通过 3DS MAX 软件绘制建筑、场地、道路等基本景观构件，渲染出 TGA 格式的图像，再导入 Photoshop 中完成后期处理。

8.2 导入渲染图像处理

因为本书主要讲解的是 Photoshop 后期处理的技术，不涉及 3DS MAX 效果图建模和渲染出图的知识。所用的渲染图为 3DS MAX 已制作渲染好的图像。

8.2.1 合并渲染图像与通道图层

（1）启动 Photoshop。

（2）单击菜单栏中的【文件】/【打开】命令，打开已经渲染好的"渲染-别墅.tga"和"渲染-别墅-通道.tga"文件。如图 8-4 和图 8-5 所示。

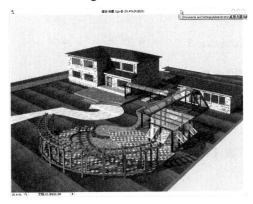

图 8-4　渲染-别墅.tga　　　　　　　图 8-5　渲染-别墅-通道.tga

（3）选择工具箱中的  工具，按住【Alt】键的同时在"渲染-别墅.tga"图像上用鼠标左键拖动图像，拖动到"渲染-别墅-通道.tga"文件中，这时会产生一个新图层"背景副本"。如图 8-6 所示。

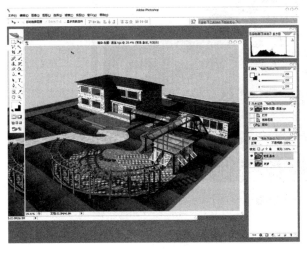

图 8-6　合并图像效果

（4）将"背景副本"改名为"地形"，并双击背景层，软件会跳出一个对话框（如图 8-7 所示），将"背景"层改名为"选区"。

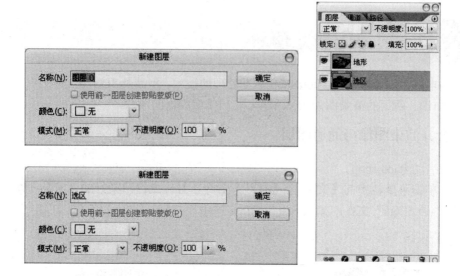

图 8-7　调整图像名称

8.2.2　修饰建筑和地形

（1）选择工具箱中 ，点选蓝色背景，然后按【Delete】键删除，再选择地形图层，同样点选蓝色背景，将其删除，如图 8-8 所示。

图 8-8　删除背景

（2）在图层面板中选择"选区"图层，选择工具箱中的 ，点击建筑的各扇窗户（图8-9）。

图8-9 选区操作

（3）再在图层面板中选择"地形"图层，点击【图像】/【调整】/【色彩平衡】，在弹出的对话框中，调整参数如图8-10所示。

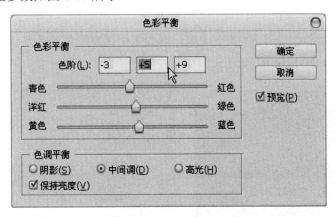

图8-10 "色彩平衡"对话框

（4）按同样的调整方法，调整其他建筑局部。选择"选区"图层，用 点选建筑勒脚，然后再次选择"地形"图层，选择【图像】/【调整】/【色相/饱和度】命令调整参数，如图8-11、图8-12所示。

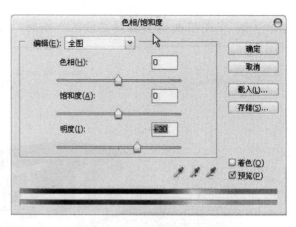

图 8-11 选择调整区域　　　　　　　图 8-12 "色相/饱和度"参数

（5）调整房屋基脚，选择"选区"图层，用点选房屋基脚，再点击命令，在属性工具栏中，选择其  ▪  命令，减选掉靠近大门的部分。再选择"地形"图层，选择【图像】/【调整】/【色彩平衡】命令，调整参数。如图 8-13、图 8-14 所示。

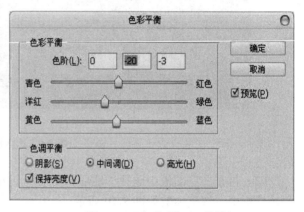

图 8-13 选择调整区域　　　　　　　图 8-14 "色彩平衡"对话框

（6）调整平台颜色。选择索套工具，选择需要调整颜色的区域（图 8-15）。

（7）调整参数如图 8-16 所示。

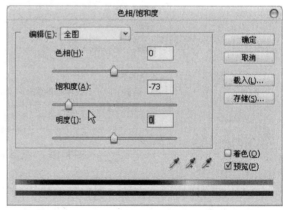

图 8-15 选择调整区域　　　　　　　图 8-16 "色相/饱和度"参数

（8）调整廊架。点击图层面板中的"选区"图层，选择廊架区域，再点击"地形"图层，调整"色相/饱和度"和"亮度/对比度"参数。如图 8-17、图 8-18、图 8-19 所示。

图 8-17　选择调整区域

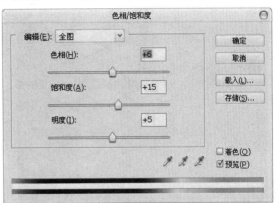

图 8-18　"色相/饱和度"参数

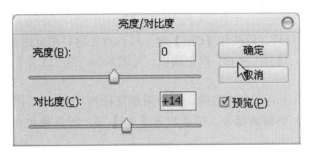

图 8-19　"亮度/对比度"参数

（9）修补水体图像。选择图层面板的"选区"图层，点击水体部分，再选择"地形"图层，点击图章命令，按住【Alt】键，在正确水体图像处放开，然后修补水体图像。如图 8-20、图 8-21 所示。

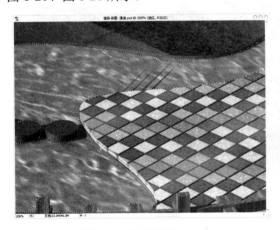

图 8-20　选择区域

图 8-21　调整后效果

（10）调整水池边缘。该过程选用钢笔工具进行区域选择。选择钢笔工具，在属性栏中，选择 绘制路径。

（11）在水池边缘区域进行点选，并拖动鼠标，调整路径，使路径和水池边缘吻合。如图 8-22、图 8-23 所示。

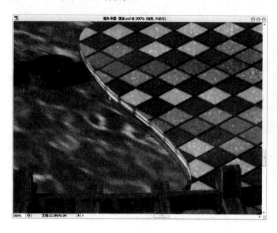

图 8-22　绘制路径

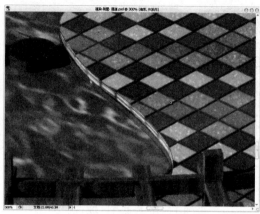

图 8-23　闭合路径

（12）钢笔闭合路径后，可按住【Ctrl】键，鼠标点击路径锚点进行调整。

（13）调整完成后，选择"路径"控制面板，见图 8-24，有一工作路径存在，点击 ⬡ "将路径作为选区载入"。

（14）选择 ⬚ 图章工具，点击右键，调整图章直径为"10px"。按住【Alt】键，鼠标选择目标区域（图 8-25）到铺装部分。然后放开【Alt】键，图章覆盖水池边的绿色区域。如图 8-26 所示。

图 8-24　路径面板

图 8-25　选择区域

（15）选择 ⬚ 加深工具，在边缘部分加深其颜色。

（16）补充阴影。选择 ⬚ 索套工具，选择阴影区域（图 8-27），再调整其"色相/饱和度"的参数值，将明度值调整为-49，见图 8-28。调整后效果如图 8-29 所示。

图 8-26　图章调整后效果　　　　　　　　图 8-27　选择阴影区域

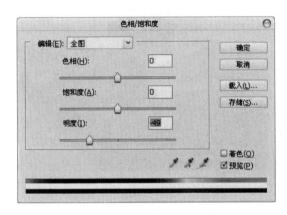

图 8-28　"色相/饱和度"参数　　　　　　　图 8-29　调整后效果

经过上述调整，渲染图像的建筑及地形的修补调整基本完成。如图 8-30 所示。

图 8-30　调整后初步效果

8.3 制作草地和背景

8.3.1 制作草地

（1）单击菜单栏中【文件】/【打开】命令，打开"PS 图像"/"别墅庭院鸟瞰图"文件夹中的"草皮.tif"。

（2）按键盘上的【Ctrl+A】，全选草坪，然后点击 移动工具，将图像拖动到"渲染-别墅-通道.psd"文件中。并将该图层改名为"草地"。如图 8-31 所示。

（3）单击菜单栏中【编辑】/【变换】/【放缩】命令，调整草地大小。如图 8-32 所示。

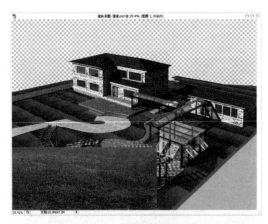 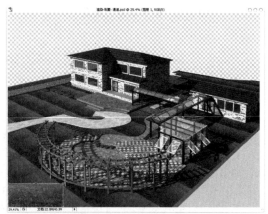

图 8-31　移动后的效果　　　　　　　　图 8-32　调整"草地"图层大小

（4）在图层面板中隐藏"草地"图层，并选择"选区"图层。再点击 魔棒工具，在绿色的草地上点选，选择所有草地区域。如图 8-33 所示。

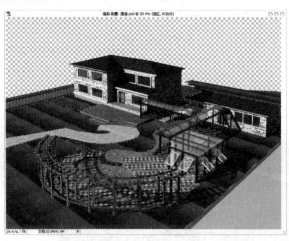

图 8-33　选择所有草地区域

（5）保存选区。选择通道面板，点击面板下部的 将选区储存为通道（图 8-34）。

（6）此时，会生成一个 Alpha 2 通道（图 8-35）。

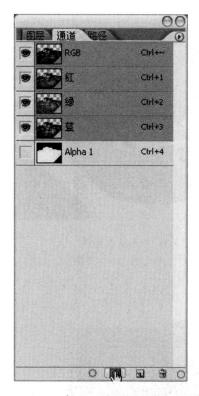

图 8-34 将选区储存为通道

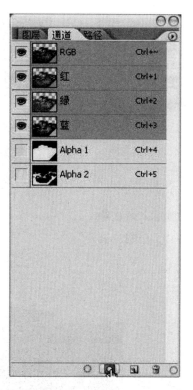

图 8-35 生成 Alpha 2 通道

（7）再点击图层面板，显示"草地"图层。点击工具栏的 框选命令，框选图像中移动过来的草地。然后点击 ，将其移动到图像的左下角，按住【Alt】键，移动复制草地。如图 8-36 所示。

（a）移动复制草地图像

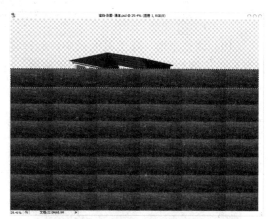

（b）移动复制最后效果

图 8-36 移动复制草地

（8）载入选区。点击通道面板，选择 Alpha 2 通道，再点击下部的 按钮，将通道转化为选区。然后点击图层面板，点选"草地"图层。如图 8-37、图 8-38、图 8-39 所示。

（9）在工具面板中，选择 魔棒工具，把魔棒移动到图像中，点击右键，选择"选择反选"，再点击【Del】键，图像调整好以后，按【Ctrl+D】取消选区。如图 8-40 所示。

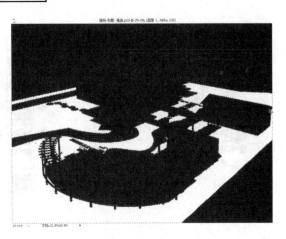

图 8-37　通道载入路径　　　　　　　　　　　　图 8-38　Alpha 2 通道

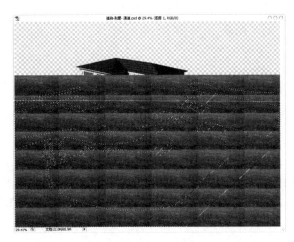

图 8-39　载入选区

（10）调整草地。在工具面板中，选择  图章工具，按住【Alt】键，在草地完整部分选择目标点，调整草地图像连接的边界问题。如图 8-41 所示。

图 8-40　删除多余草地后效果　　　　　　　图 8-41　草地修补后效果

（11）修补阴影。因为原先草地上的阴影被覆盖，需要将覆盖的阴影显示出来。隐藏草地图层，选择工具面板中的 索套工具，调整其属性为 　，在图形中选择草地上的阴影区域，需要仔细框选。如图 8-42、图 8-43 所示。

图 8-42　运用索套工具框选阴影

图 8-43　框选全部阴影区域

（12）在图层面板中，显示草地图层，并选中，点击【Del】键，删除草地图层的阴影区域（图 8-44）。

（13）修补右下角的草地部分。利用图章工具，使用前面的方法，将图像区域修补（图 8-45）。

图 8-44　删除草地图层的阴影区域

图 8-45　修补草地

（14）修补阴影。点击索套工具，选择调整区域。调整其"色相/饱和度"的明度值。如图 8-46、图 8-47 所示。

通过以上步骤，草地就调整好了。效果如图 8-48 所示。

图 8-46　运用索套工具框选

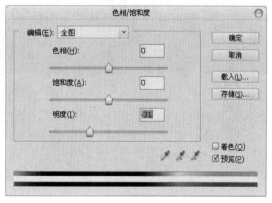

图 8-47　调整"色相/饱和度"参数

图 8-48　草地调整好以后的效果

8.3.2　制作背景并调整整体色调

（1）单击菜单栏中【文件】/【打开】命令，打开"PS 图像"/"别墅庭院鸟瞰图"文件夹中的"背景.psd"。

（2）按键盘上的【Ctrl+A】，全选图像，然后点击 移动工具，将图像拖动到"渲染-别墅-通道.psd"文件中。并将该图层改名为"背景"。如图 8-49 所示。

（3）按键盘上的【Ctrl+T】，调整背景图像的大小到适合图像整体的尺寸，并调整图层顺序（图 8-50）。

（4）因为背景颜色偏蓝色，且光线不是太强烈，将建筑的受光面灰度调高，并将色调调整偏蓝。在图层面板中，选择"选区"图层，用魔棒工具，选择房屋受光面。如图 8-51 所示。

图 8-49　导入背景图片

图 8-50　调整图层顺序

图 8-51　框选受光区域

（5）调整"色相/饱和度"的明度值，调整光的亮度，并调整"色彩平衡"参数值。如图 8-52、图 8-53 所示。

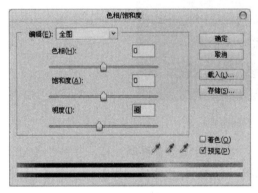

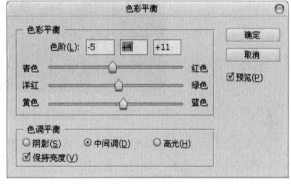

图 8-52　"色相/饱和度"参数　　　　　　　　图 8-53　"色彩平衡"参数

8.4　添加乔木绿化

8.4.1　添加乔木 1

（1）单击菜单栏中【文件】/【打开】命令，打开"PS 图像"/"别墅庭院鸟瞰图"文件夹中的"高树 03.psd"。

（2）点击索套工具，将高树的阴影选择，并按 Del 键，将其删除。因为效果图中的光线方向和该树的阴影方向不一致，因此将重新制作。

（3）按键盘上的【Ctrl+A】，全选图像，然后点击 ▶⊕ 移动工具，将图像拖动到"渲染-别墅-通道.psd"文件中。并将该图层改名为"高树 1"。如图 8-54、图 8-55、图 8-56 所示。

图 8-54　索套命令选择阴影区域

图 8-55　删除阴影

图 8-56　移动复制到图像中

（4）制作阴影。在图层面板中，选择"高树1"图层。点击 ▶⊕ 移动工具，并按住【Alt】键，拖动鼠标，复制一棵树。将该图层改名为"高树1阴影"。单击【编辑】/【变换】/【扭曲】，调整高树形状。如图 8-57 所示。

（5）选择工具栏的 ⬚ 框选命令，框选扭曲后的树木图像，再点击 ▶⊕ 移动工具，将其移动到正确的位置。并按下【Alt+Backspace】，用前景色黑色填充。如图 8-58 所示。

图 8-57　复制阴影

图 8-58　填黑阴影

（6）点击菜单栏【滤镜】/【模糊】/【动感模糊】调整其参数值，距离为 108 像素。再将"高树1阴影"图层的透明度调整为70%。如图 8-59、图 8-60 所示。

（7）复制高树1。在图层面板中选择"高树1"图层，选择 移动工具，并按住键盘的【Alt】键，拖动高树1，将其移动到适当的位置。再按【Ctrl+T】键，调整大小。调整好以后，选择"高树1阴影"，用同样的方法调整它到适当的位置。如图 8-61 所示。

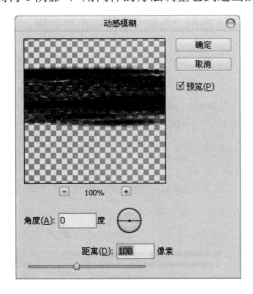

图 8-59　动感模糊

图 8-60　调整图层顺序

图 8-61　复制高树 1

8.4.2　添加乔木 2

（1）添加高树 2。单击菜单栏中【文件】/【打开】命令，打开"PS 图像"/【别墅庭院鸟瞰图】文件夹中的"高树 05.psd"。见图 8-62。

（2）按键盘上的【Ctrl+A】，全选图像，然后点击 ➤⊕ 移动工具，将图像拖动到"渲染-别墅-通道.psd"文件中。并将该图层改名为"高树 2"。可以观察到，红色的树边缘有少许绿色杂色，需要将其去除或减弱。

（3）调整高树颜色。选择图像调整中的"色相/饱和度"和"色彩调整"。可以通过"色相/饱和度"中的绿色降低其饱和度和色相，再运用"色彩平衡"的参数调整。如图 8-63、图 8-64、图 8-65 所示。

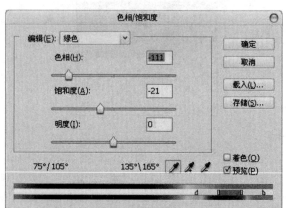

图 8-62　打开高树 05.psd

图 8-63　"色相/饱和度"参数

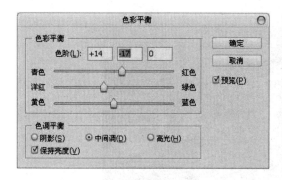

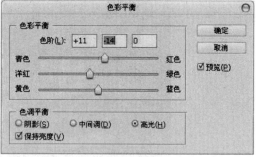

图 8-64　"色彩平衡"参数

图 8-65　"色彩平衡"参数

（4）调整好上述参数后，可以利用去边工具，去除图像边缘的少许多余颜色。单击菜单栏的【图层】/【修边】/【去边】，调整去边宽度为 2 像素。观察效果，再降低其饱和度，再单击菜单栏【图像】/【调整】/【亮度/对比度】，调整其亮度值为-3，对比度为+9。如图 8-66、图 8-67、图 8-68 所示。

（5）调整好以后，利用前面的方法制作阴影。选择 ➤⊕ 移动工具，按住【Alt】键，移动复制，将其图层名字改为"高树 2 阴影"并将其调整到"高树 2"图层的下面。再单击菜单栏的【编辑】/【变换】/【扭曲】，调整高树形状。

图 8-66 "去边"参数

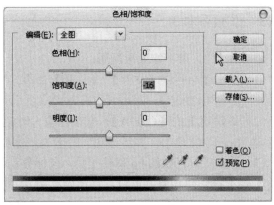

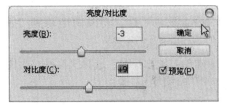

图 8-68 "亮度/对比度"参数　　　　图 8-67 "色相/饱和度"参数

（6）选择工具栏的框选命令，框选扭曲后的树木图像，再点击移动工具，将其移动到正确的位置。并按下【Alt+Backspace】，用前景色黑色填充。点击菜单栏【滤镜】/【模糊】/【动感模糊】调整其参数值，距离为 267 像素。再将"高树 1 阴影"图层的透明度调整为 75%。如图 8-69～图 8-72 所示。

图 8-69 调整阴影形状

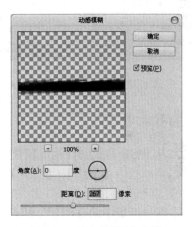

图 8-70 "动感模糊"参数

图 8-71 调整图层顺序

图 8-72 调整后的效果

8.4.3 添加乔木 3

添加乔木 3，可丰富效果图画。

（1）单击菜单栏中【文件】/【打开】命令，打开"PS 图像"/"别墅庭院鸟瞰图"文件夹中的"高树 04.psd"。

（2）按键盘上的【Ctrl+A】，全选图像，然后点击 移动工具，将图像拖动到"渲染-别墅-通道.psd"文件中。并将该图层改名为"高树 3"。如图 8-73 所示。

（3）点击工具栏中的 移动工具，鼠标移动到高树 3，点击右键，选择"高树 3"图层，按住【Alt】键，移动复制该树，移动到高树 04 的旁边。如图 8-74 所示。

图 8-73　添加高树 3　　　　　　　图 8-74　移动复制高树 3

8.4.4 添加乔木 4

该例学习从 JPGE 格式文件提取植物素材的方法。

（1）单击菜单栏中【文件】/【打开】命令，打开"PS 图像"/"别墅庭院鸟瞰图"文件夹中的"常绿阔叶树 12.jpg"。

（2）双击图层面板中的该图层。然后选择魔棒工具，在白色的区域点击，选择部分区域后，点击鼠标右键，选取"选取相似"命令，再在选区点击右键，点击"选择反向"，再按下键盘的【Ctrl+C】，【Ctrl+V】，可以发现图层面板出现了一个新图层"图层 1"。如图 8-75～图 8-79 所示。

图 8-75　调整图层属性　　　　　　　图 8-76　魔棒选择

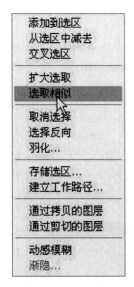
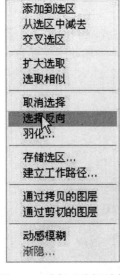

图 8-77 选择"选取相似"　　　图 8-78 选择"选择反向"　　　图 8-79 复制植物图例

（3）选择工具栏中的 移动工具，将其移动复制到效果图中，将图层改名为"高树 4"，并按下【Ctrl+T】，调整其大小和位置。

（4）调整其颜色使其与画面和谐。选择"色相/饱和度"命令，将编辑颜色调整为：绿色，调整色相为 15，饱和度为 17，明度为 0；再选择"亮度/对比度"命令，调整亮度为-12，对比度为+18；再选择"色彩平衡"命令，调整色调平衡为阴影，色阶值为 0，+9，0，点击确定，再次选择"色彩平衡"命令，调整色调平衡为中间调，色阶值为 0，+13，-8，点击确定。如图 8-80～图 8-83 所示。

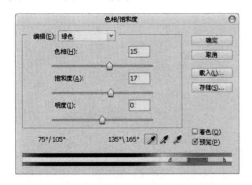
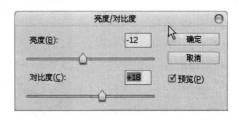

图 8-80 调整"色相/饱和度"参数　　　　图 8-81 调整"亮度/对比度"参数

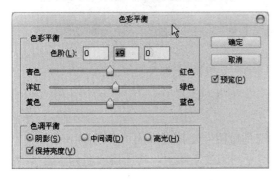
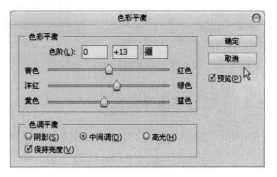

图 8-82 调整"色彩平衡"参数　　　　图 8-83 调整"色彩平衡"参数

调整后的效果如图 8-84 所示。

（5）制作阴影。运用前面的方法，先复制该树，将图层改为"高树 4 阴影"，再选择"扭曲"命令，调整其形状，用黑色填充，添加动感模糊命令，最后调整透明度，并调整图层顺序。如图 8-85、图 8-86 所示。

调整后的效果如图 8-87 所示。

图 8-84 调整后的效果

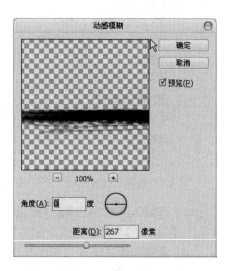

图 8-85 动感模糊

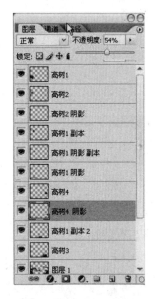

图 8-86 调整图层不透明度

图 8-87 调整后的效果

8.4.5 添加其他乔木

（1）添加竹子。打开"PS 图像"/"别墅庭院鸟瞰图"文件夹中的"多树 01.psd"。

（2）选择工具栏中的 移动工具，将其移动复制到效果图中，将图层改名为"竹"，并按下【Ctrl+T】，调整其大小和位置。如图 8-88 所示。

（3）制作阴影。用前面的方法，移动复制出阴影，使用的动感模糊的距离为 177 像素。如图 8-89 所示。

图 8-88　移动复制到适当的位置　　　　　　图 8-89　添加阴影

（4）添加桃花。打开"PS 图像" / "别墅庭院鸟瞰图"文件夹中的"高树 02.psd"。如图 8-90 所示。

观察素材可以发现，树木底部有土壤，需要删除，红色花的边缘有蓝色的杂边，需要使用工具将其减弱或消除，并将其颜色调得更鲜艳些。

（5）选择工具栏中的 移动工具，将其移动复制到效果图中，将图层改名为"桃花"，并按下【Ctrl+T】，调整其大小和位置。如图 8-91 所示。

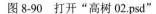

图 8-90　打开"高树 02.psd"　　　　　　图 8-91　移动复制并调整适当大小

（6）使用"色相/饱和度"的蓝色属性来进行消除蓝色边缘。将调整其参数，编辑颜色为蓝色；色相-16；饱和度-31。再调整"色彩平衡"命令，调整参数为中间调的 16，-26，0。最后调整"亮度/对比度"参数：亮度+2，对比度+5。如图 8-92～图 8-94 所示。

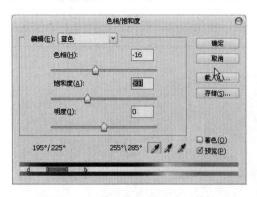

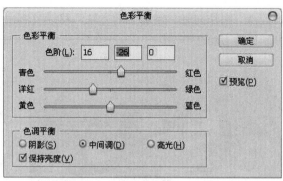

图 8-92　调整"色相/饱和度"参数　　　　　　图 8-93　调整"色彩平衡"参数

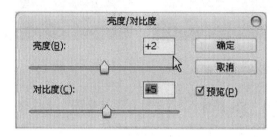

图 8-94　调整"亮度/对比度"参数

（7）调整好以后，点击 移动工具，移动复制数棵桃花到不同的位置。并制作阴影。如图 8-95 所示。

图 8-95　调整好的效果

8.5　添加灌木绿化

（1）添加凤尾兰。单击菜单栏中【文件】/【打开】命令，打开"PS 图像"/"别墅庭院鸟瞰图"文件夹中的"灌木 01.psd"。

（2）点击工具栏框选工具 ，框选左边的植物图例，再点击移动工具 ，按住键盘【Alt】键，移动复制该图例到效果图中。并按下【Ctrl+T】，调整其大小和位置，移动至靠近水体的岸边。如图 8-96～图 8-98 所示。

图 8-96　框选需要素材

图 8-97　移动复制

图 8-98　复制并调整效果

（3）调整凤尾兰效果。复制来的植物图例，对比度不够强，黄色和绿色的色调不是很明显，需要通过一系列命令来进行调整。首先，选择"色相/饱和度"命令，降低其饱和度，调整参数为：色相+3，饱和度-8，明度 0。再调整其"亮度/对比度"，参数为亮度-4，对比度+14。最后调整其"色彩平衡"，使其偏黄，偏绿，参数为色阶 0，+2，-6。如图 8-99～图 8-101所示。

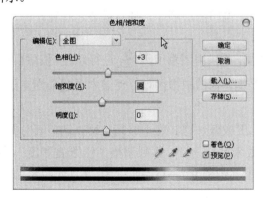

图 8-99　调整"色相/饱和度"参数

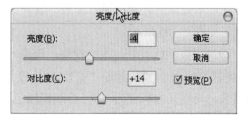

图 8-100　调整"亮度/对比度"参数

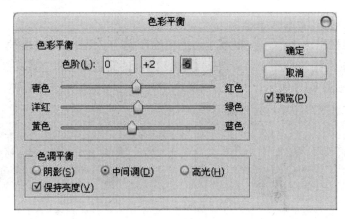

图 8-101　调整"色彩平衡"参数

（4）制作阴影。使凤尾兰更具有立体感。如图 8-102 所示。

（5）移动复制数棵凤尾兰。注意保证三个凤尾兰呈不等边三角形排列，并使三个凤尾兰的大小不一。如图 8-103 所示。

图 8-102　添加阴影效果

图 8-103　移动复制凤尾兰

（6）制作靠窗灌木群。单击菜单栏中【文件】/【打开】命令，打开"PS 图像"/"别墅庭院鸟瞰图"文件夹中的"灌木 02.psd"。

（7）点击移动工具 ，按住键盘【Alt】键，移动复制该图例到效果图中。并按下【Ctrl+T】，调整其大小和位置，移动至靠近窗子的旁边，注意调整图层顺序，使该层显示在窗户旁。如图 8-104 所示。

（8）调整灌木效果。因为素材的右边出现缺损，所以用图章工具 进行修改。按住【Alt】键，在灌木完成的区域选择目标点，放开【Alt】键，修改缺损区域。使灌木看起来为完成的图像。如图 8-105 所示。

（9）调整颜色效果。通过观察，该灌木对比度较低，饱和度不够高，所以调节其对比度和饱和度的参数。首先调整"亮度/对比度"参数为-16，+21，再则调整"色相/饱和度"，编辑黄色，调整其饱和度为+15，再编辑绿色，调整其饱和度为+11，明度为-26。如图 8-106～图 8-108 所示。

图 8-104　添加灌木丛

图 8-105　调整灌木效果

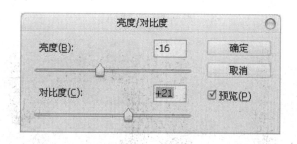

图 8-106　调整"亮度/对比度"参数

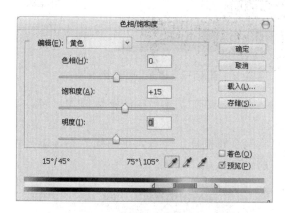

图 8-107　调整"色相/饱和度"参数

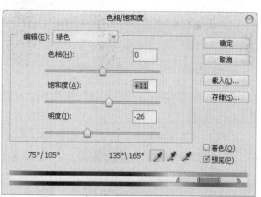

图 8-108　再次调整"色相/饱和度"参数

调整后的效果见图 8-109。

（10）添加海桐球。单击菜单栏中【文件】/【打开】命令，打开"PS 图像"/"别墅庭院鸟瞰图"文件夹中的"灌木 03.psd"。点击移动命令，将其移动到适当的位置。见图 8-110。

（11）调整海桐球效果。观察海桐球，其色彩偏黄，需要给它添加绿色，其对比度需要提高。首先，调整其"色相/对比度"参数为：-12，+19。再点击工具栏的加深命令，在海桐球的背光面加深颜色。如图 8-111 所示。

图 8-109　调整后的灌木效果

图 8-110　添加海桐球

（12）再调整其颜色，对它的绿色饱和度进行调整。打开"色相/饱和度"面板，编辑其绿色，调整其参数为：+7，+13，-8。如图 8-112 所示。

图 8-111　调整海桐球效果

图 8-112　调整后的海桐效果

（13）制作阴影。用前面讲述的方法，添加其阴影。添加动感模糊的参数值为 134。如图 8-113 所示。

（14）复制海桐球。点击移动命令，移动复制两个海桐球。注意满足布局为不等边三角形，且注意靠近原海桐球的需最小。如图 8-114 所示。

图 8-113　添加海桐阴影

图 8-114　复制海桐效果

（15）制作花架藤本植物。单击菜单栏中【文件】/【打开】命令，打开"PS 图像"/"别墅庭院鸟瞰图"文件夹中的"藤本.psd"。点击移动命令，将其移动到花架旁。如图 8-115 所示。

（16）点击工具栏图章工具 ，按住【Alt】键，以藤本植物为目标点，在花架上方添加藤本植物图样。形成藤本植物攀爬在花架上方的效果。如图 8-116 所示。

图 8-115 添加藤本植物

图 8-116 图章调整藤本植物

（17）调整藤本植物效果。可以发现藤本植物的色彩偏灰，对比度不够高，需要通过前面讲解的方法进行调整。调整"亮度/对比度"参数为-3，+46，调整"色彩平衡"参数为0，+3，-7，再调整"色相/饱和度"参数为0，0，-10。如图 8-117～图 8-119 所示。

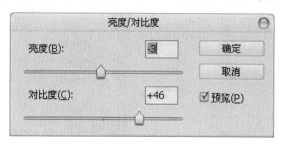

图 8-117 调整"亮度/对比度"参数

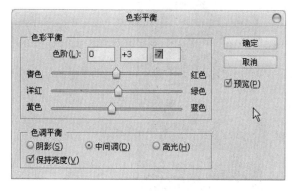

图 8-118 调整"色彩平衡"参数

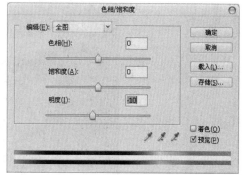

图 8-119 调整"色相/饱和度"参数

　　（18）继续调整效果。刚才调整的效果都是整体的效果，现在需要通过调整，使花架上攀援的植物和垂在花架上的植物的空间层次分开。可以通过调整顶部植物的亮度，将层次分开。首先点击工具栏索套工具 ，框选花架顶部的植物，点击右键选择羽化命令，调整羽化的像素值为 10 像素，然后添加"亮度/对比度"命令，调整参数值为-17，0。如图 8-120～图 8-123 所示。

图 8-120　框选顶部藤本植物

图 8-121　羽化参数

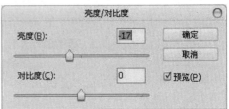

图 8-122　调整"亮度/对比度"参数

图 8-123　调整后的藤本植物效果

（19）添加灌木配景。单击菜单栏中【文件】/【打开】命令，打开"PS图像"/"别墅庭院鸟瞰图"文件夹中的"洗手钵.psd"。

（20）点击工具栏框选工具 ![框选工具图标]，框选左边的植物图例，再点击移动工具 ![移动工具图标]，按住键盘Alt，移动复制该图例到效果图中。并按下【Ctrl+T】，调整其大小和位置，移动至桃花下面适当的位置。如图8-124、图8-125所示。

图8-124　打开文件"洗手钵.psd"　　　　　　图8-125　调整摆放到适当的位置

（21）调整灌木配景效果。调整其"亮度/对比度"参数为-10，+50。可以发现调整后的灌木配景有较明显的受光面，但和效果图中的效果图光源方向相反，所以通过图像调整，将其翻转。按下键盘【Ctrl+T】键，灌木进入放缩模式，把鼠标移动到变换框中点击右键，选择"旋转180度"，再次点击右键选择"垂直翻转"。如图8-126～图8-129所示。

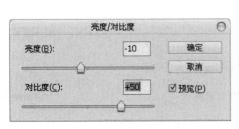

图8-126　调整"亮度/对比度"参数　　　　　图8-127　调整后的灌木植物效果

（22）修整灌木的形状。点击索套命令，在灌木的左上角框选，再点击右键选择羽化命令，调整羽化值为18，最后按下【Del】键，删除。如图8-130～图8-132所示。

图 8-128　方向变换 1

图 8-129　方向变换 2

图 8-130　索套命令框选植物

图 8-131　点击右键

图 8-132　调整羽化参数

（23）继续调整灌木效果。对灌木的高光和中间调进行调整。点击"色彩平衡"命令，
选择高光，调整色阶参数为 0，0，-27；再次点击"色彩平衡"命令，选择"阴影"，调整色
阶参数为 0，+9，0。如图 8-133、图 8-134 所示。

（24）复制数棵灌木。移动复制数棵灌木到适当的位置，进一步丰富画面效果。见图8-135。

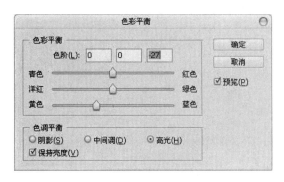

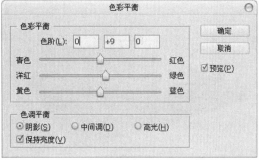

图8-133 色彩平衡参数　　　　　　　　　图8-134 色彩平衡参数

图8-135 复制灌木后的效果

8.6 添加花灌木及后庭远景树

（1）添加花灌木。单击菜单栏中【文件】/【打开】命令，打开"PS图像"/"别墅庭院鸟瞰图"文件夹中的"花草01.psd"。见图8-136。

（2）点击移动工具 ，按住键盘【Alt】键，移动复制该图例到效果图中。并按下【Ctrl+T】，调整其大小和位置，移动至建筑旁的适当位置。并将该图层命名为"花"。见图8-137。

（3）选择工具栏的橡皮命令 ，将花灌木的下面土壤擦除，选择橡皮擦的属性为100%。见图8-138。

（4）删除靠建筑的花木。点击图层面板中的该图层，将其隐藏。再点击索套命令在建筑的屋顶边缘框选。见图8-139。

图 8-136　打开"花草 01.psd"

图 8-137　移动变换到适当的位置

图 8-138　擦去灌木土壤

图 8-139　索套框选需删除的区域

（5）显示该图层，点击【Del】键，将该区域内的花灌木删除。见图 8-140。

（6）调整复制花灌木。点击索套命令，在花灌木的下方框选，然后点击选择命令，按住【Alt】键，移动复制。移动一段后，再按键盘的【Ctrl+T】键，将其缩小符合视觉习惯。以此种方法复制三段，放置在三段转折处。如图 8-141～图 8-144 所示。

图 8-140　删除后的效果

图 8-141　框选复制区域

图 8-142　复制"花木 1"

图 8-143　复制"花木 2"

（7）继续调整复制花灌木。再次打开"花草 01.psd"。将其图层的名字命名为"花 2"，用索套工具框选右边的花木，再点击移动命令，复制到效果图中，放在屋后。再选择图章工具，对花灌木进行修补，形成整体。见图 8-145。

图 8-144　复制"花木 3"

图 8-145　调整花灌木效果

（8）合并图层。在图层面板中，按住【Ctrl】键，选中"花"和"花 2"图层，点击图层属性菜单栏，选择"合并图层"命令。并将合并后的图层命名为"花"。如图 8-146、图 8-147所示。

图 8-146　同时选择两个图层

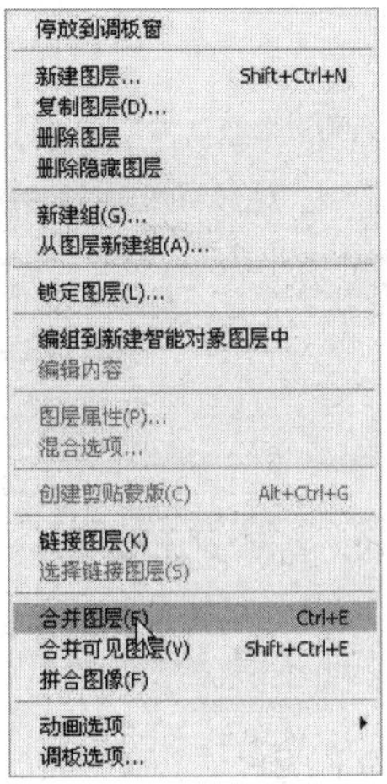

图 8-147　合并图层

（9）调整花木的明暗效果。因为花灌木一部分在屋后的阴影区域，所以靠近建筑的部分要暗一些。隐藏合并后的图层"花"。选择"索套"工具，沿着建筑后的阴影区域进行选择，框选后部有花灌木的区域。然后显示图层，给该区域添加"亮度/对比度"命令，参数为+22，+47，再添加"色相/饱和度"命令，调整参数为-10，-23，0。最后按下键盘【Ctrl+D】键取消选区。如图8-148～图8-150所示。

图8-148　框选调整区域

（10）添加远景树。单击菜单栏中【文件】/【打开】命令，打开"PS图像"/"别墅庭院鸟瞰图"文件夹中的"远景树03.psd"。

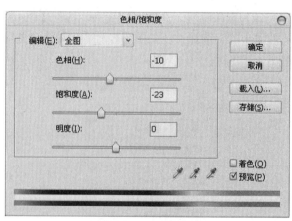

图8-149　亮度/对比度　　　　　　　　　　　　图8-150　色相/饱和度

（11）点击移动工具 ，按住键盘【Alt】键，移动复制该图例到效果图中，调整其位置，并将该图层命名为"远景树1"，将该图层移到"地形"图层下。见图8-151。

（12）按下键盘【Ctrl+T】键，调整其大小，并选择工具栏图章工具，修补远景树，使其部分在花灌木后。见图8-152。

图 8-151　添加"远景树 1"　　　　　　　　　图 8-152　调整远景树效果

（13）添加远配景。单击菜单栏中【文件】/【打开】命令，打开"PS 图像"/"别墅庭院鸟瞰图"文件夹中的"远景树.psd"。

（14）点击移动工具 ，按住键盘【Alt】键，移动复制该图例到效果图中，调整其位置，并将该图层命名为"远景树 2"，将该图层移到"远景树 1"图层下。见图 8-153。

（15）调整远配景树效果。添加"亮度/对比度"命令，调整参数为+9，+34。再添加"色相/饱和度"命令，编辑绿色，参数为+14，+37，0。再编辑黄色，参数为+14，+33，0。接着添加"色彩平衡"命令，对中间调进行调整，色阶参数为 0，+10，−37。最后对整体颜色调整"色相/饱和度"，参数为−4，−11，0。如图 8-154～图 8-158 所示。

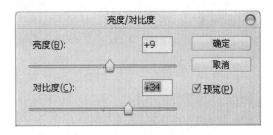

图 8-153　添加"远景树 2"　　　　　　　　　图 8-154　亮度/对比度

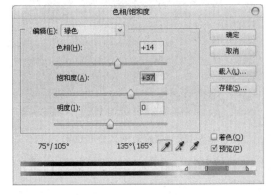
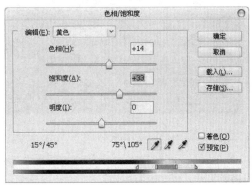

图 8-155　色相/饱和度　　　　　　　　　　　图 8-156　色相/饱和度

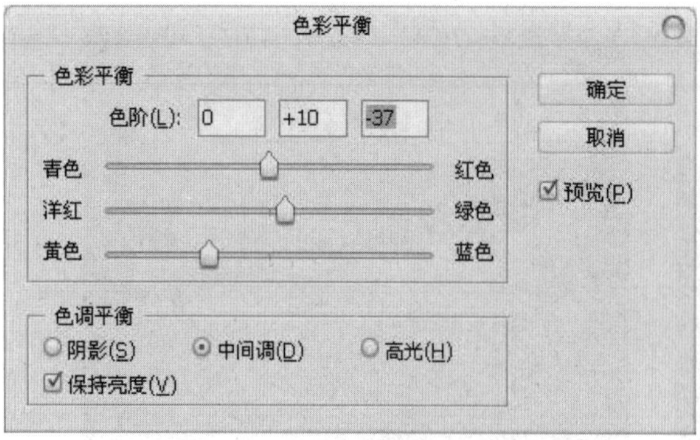

图 8-157　色彩平衡

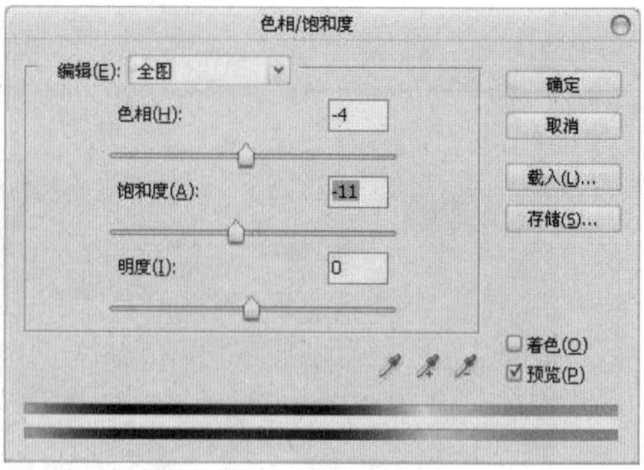

图 8-158　色相/饱和度

调整好的效果见图 8-159。

（16）添加远景竹林。选择工具栏的移动工具，在前面添加的“竹”上点击右键，在跳出的对话框中选择“竹”，按住【Alt】键，复制该物体。再按下【Ctrl+T】放缩，并摆放到适当的位置。如图 8-160～图 8-162 所示。

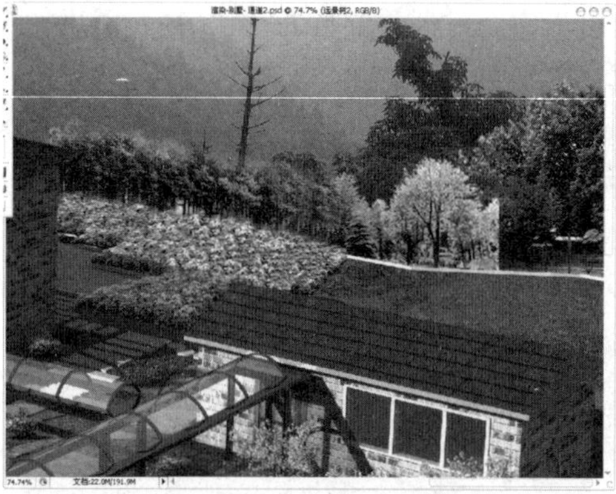

图 8-159　调整后的效果

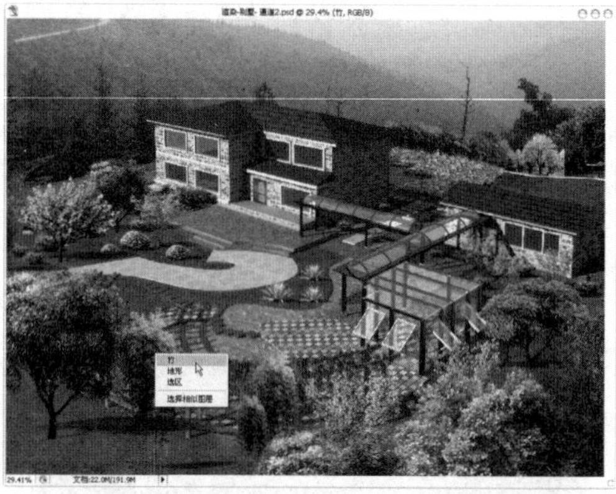

图 8-160　选择“竹”所在图层

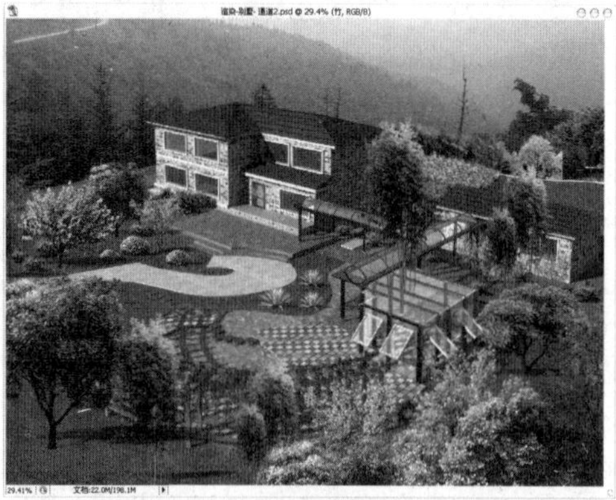

图 8-161　移动复制竹

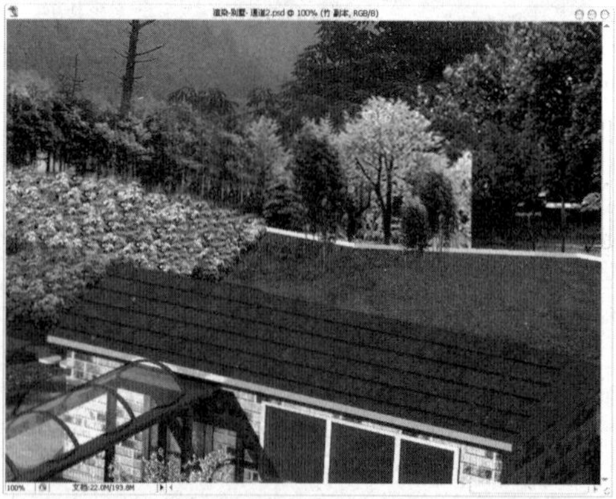

图 8-162　调整竹的大小和位置

（17）复制竹形成竹林。选择索套命令，在稍小的竹周围框选，再按住键盘【Alt】键，选择移动命令，进行复制。复制数棵后，再用同样的方法复制较高的竹，形成自然的竹林效果。最后按下【Ctrl+D】，取消选择。见图 8-163。

（18）制作竹林阴影。用上面的方法，复制竹的阴影，将较小的一块阴影删除，将较大的一块阴影放置在竹林下，并点击图层面板，将其命名为"竹阴影"，将该图层放在竹林下。一块阴影复制好后，再点击索套命令 ，将该阴影框选，点击移动命令 ，按住键盘【Alt】键，进行复制，形成竹林整体阴影的效果。如图 8-164～图 8-166 所示。

图 8-163　移动复制形成竹林效果

图 8-164　复制一块阴影

图 8-165　框选该块阴影

图 8-166　复制竹林阴影

（19）添加灌木丰富效果。用前面复制竹林的方法，复制两棵桃花到竹林前，并制作阴影效果。见图 8-167。

（20）再复制数棵小灌木进一步丰富效果。见图 8-168。

图 8-167　添加植物

图 8-168　添加数棵灌木

（21）调整后庭整体效果。通过观察可以发现，花灌木缺乏阴影效果，使整体缺乏空间层次感。接下来调整花灌木的阴影效果。这里通过调整草地的明度，就能产生阴影的感觉。选择工具栏的移动工具，将鼠标移动到草地上方，点击右键，选择草地图层。见图 8-169。

（22）选择索套工具，框选一定的区域，成为阴影的调整区域。见图 8-170。

图 8-169 选择草地图层

图 8-170 框选阴影区域

（23）选择"色相/饱和度"命令，调整参数为 0，0，-62。调整好以后，再选择工具栏选择命令 ，在花灌木上方点击右键，选择花灌木图层，接着再选择加深命令 ，在花的底部涂抹，加深花灌木根部的颜色深度。如图 8-171～图 8-173 所示。

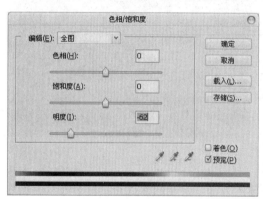

图 8-171 色相/饱和度

图 8-172 选择花灌木图层

（24）这样后庭远景的效果就制作好了。见图 8-174。

图 8-173 调节框选区域明度

图 8-174 调节好的效果

8.7 添加行道树及前庭背景树

（1）制作前庭背景树。还是用前面调整过的远景树来制作效果。用前面的方法，复制该图例到道路旁。见图 8-175。

图 8-175 复制添加前庭背景树

（2）调整前庭背景树效果。观察该图例，发现中间的树色彩偏亮，作为远景树，整体感觉较突兀，所以要降低它的亮度。选择索套命令 ，将该部分树框选。再选择"亮度/对比度"命令，调整其参数为-50，+10。见图 8-176、图 8-177。

图 8-176 框选调整区域

图 8-177 亮度/对比度

（3）进一步调整效果。选择索套工具，框选另一块区域的树，调整其"亮度/对比度"参数为-28，+6。见图 8-178、图 8-179。

（4）添加行道树。单击菜单栏中【文件】/【打开】命令，打开"PS 图像"/"别墅庭院鸟瞰图"文件夹中的"远景树 02.psd"。

（5）点击移动工具 ，按住键盘【Alt】键，移动复制该图例到效果图中。并按下【Ctrl+T】，调整其大打开小和位置，移动至道路旁的适当位置。并将该图层命名为"远景树 3"。见图 8-180。

图 8-178　框选另一块调整区域

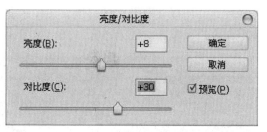

图 8-179　亮度/对比度

（6）调整该行道树效果。调整其"亮度/对比度"参数为+8，+30。再调整"色相/饱和度"命令，编辑黄色，参数为+7，-25，0。最后对全图，调整"色相/饱和度"参数为-6，-11，-11。见图 8-181～图 8-183。

图 8-180　添加行道树

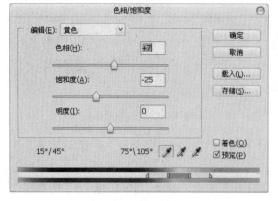

图 8-181　亮度/对比度

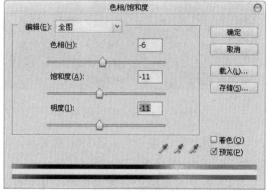

图 8-182　色相/饱和度

图 8-183　色相/饱和度

（7）复制数棵行道树。选择工具移动命令 ，按住键盘【Alt】键，复制行道树，再按下键盘【Ctrl+T】键，调整大小。见图 8-184。

（8）这样道路边的前庭背景树和行道树就制作好了。见图 8-185。

图 8-184　复制行道树

图 8-185　复制后的效果

8.8　添加补充植物丰富画面效果

（1）添加前景树。单击菜单栏中【文件】/【打开】命令，打开"PS 图像"/"别墅庭院鸟瞰图"文件夹中的"树-半 01.psd"。见图 8-186。

（2）点击移动工具 ，按住键盘【Alt】键，移动复制该图例到效果图中，调整其位置，并将该图层命名为"半树"，将该图层移到所有图层的顶层。并按下键盘的【Ctrl+T】，调整其大小。见图 8-187。

图 8-186　文件"树-半 01.psd"

图 8-187　添加调整后的效果

（3）添加半树阴影。这个阴影的整体面积较大，起到画面整体增加暗调的作用。所以使用素材，而不用自己制作。单击菜单栏中【文件】/【打开】命令，打开"PS 图像"/"别墅庭院鸟瞰图"文件夹中的"底部阴影.psd"。并按下【Ctrl+T】，调整大小和位置。见图 8-188。

（4）添加其他植物丰富画面。复制两棵桃花到水流旁。见图 8-189。

图 8-188　添加半树阴影

图 8-189　添加两棵桃花

（5）选择索套工具，将其中一棵桃花和亭廊交叉的地方删除。见图 8-190。

（6）调整好的效果见图 8-191。

图 8-190　修整桃花

图 8-191　修整后的效果

（7）再复制几棵小灌木到花架旁的空地。见图 8-192。

（8）补充阴影。观察发现高树 2 的树干的阴影不是很明显，通过调整来加深其效果。

点击选择命令，在草地上点击右键，选择草地图层。再点击索套工具，框选出树干形状的选区。见图 8-193、图 8-194。

图 8-192　添加小灌木

图 8-193　选择草地图层

（9）调整阴影效果。调整"色相/饱和度"的参数为0，0，−37。这样调整基本完成。见图8-195。

　图 8-194　框选区域　　　　　　　　　　　图 8-195　修改阴影后的效果

8.9　添加人物及鸟群配景

（1）添加鸟群 1。单击菜单栏中【文件】/【打开】命令，打开"PS 图像"/"别墅庭院鸟瞰图"文件夹中的"鸟 01.psd"。

（2）点击移动工具，按住键盘【Alt】键，移动复制该图例到效果图中，调整其位置，并将该图层命名为"鸟 1"。见图 8-196。

（3）添加鸟群 2。单击菜单栏中【文件】/【打开】命令，打开"PS 图像"/"别墅庭院鸟瞰图"文件夹中的"鸟 02.psd"。

（4）选择一部分鸟群素材，移动到效果图中。见图 8-197。

　　图 8-196　添加鸟群 1　　　　　　　　　　　图 8-197　添加鸟群 2

（5）添加鸟群 3。单击菜单栏中【文件】/【打开】命令，打开"PS 图像"/"别墅庭院鸟瞰图"文件夹中的"鸟 03.psd"。

（6）移动复制到效果图中。见图 8-198。

（7）添加人物。单击菜单栏中【文件】/【打开】命令，打开"PS图像"/"别墅庭院鸟瞰图"文件夹中的"人.psd"。并用索套命令，选择一对需要的人物图例。见图8-199。

图8-198　添加鸟群3

图8-199　打开人物图例

（8）点击移动工具，按住键盘【Alt】键，移动复制该图例到效果图中，调整其位置，并将该图层命名为"人物"。见图8-200。

（9）制作阴影。见图8-201。

图8-200　添加人物图例

图8-201　制作人物阴影

8.10　添加云雾

（1）单击菜单栏中【文件】/【打开】命令，打开"PS图像"/"别墅庭院鸟瞰图"文件夹中的"云01.psd"。见图8-202。

（2）点击移动工具，按住键盘【Alt】键，移动复制该图例到效果图中，调整其位置，并将该图层命名为"云"。将该图层移动到"半树"图层上。见图8-203。

（3）选择框选命令，在云的下面框选。再点击移动命令，将云的下半部分移动到画面的最下方。见图8-204。

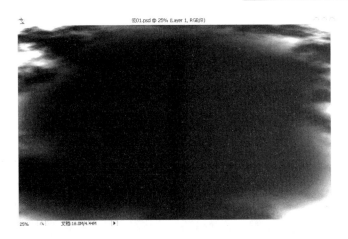

图 8-202　打开云层文件

图 8-203　添加云层

图 8-204　调整云层

（4）点击橡皮擦命令 ，点击鼠标右键，选择橡皮擦属性为 400px，3%。并在移动云雾的部分擦拭，消除僵硬的线条。见图 8-205、图 8-206。

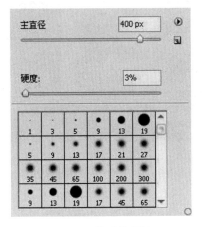

图 8-205　橡皮擦属性

图 8-206　调整后的效果

8.11 完善效果图

（1）制作玻璃树影。点击工具栏移动命令，在"灌木丛"上点击右键，选择该图层，移动复制"灌木丛"，并将其移动到玻璃旁，将该图层命名为"灌木阴影"。见图8-207。

（2）点击图层面板，选择"选区"层，再选择魔棒工具，选择一楼的两扇窗户。点击右键"选择反选"，然后再选择"灌木阴影"图层，按下【Del】键，删除其他区域灌木。最后调整"灌木阴影"图层的透明度为35%。见图8-208、图8-209。

（3）制作玻璃树影2。用上面的方法复制高树1，并制作高树1的树影。点击工具栏移动命令，在"高树1"上点击右键，选择该图层，移动复制"高树1"，并调整其大小，将其移动到玻璃旁，并将该图层命名为"高树树影"。见图8-210。

图8-207　复制灌木丛

图8-208　选择玻璃区域

图8-209　调整后的玻璃反射树影效果

图8-210　复制高树1并调整大小

（4）点击图层面板，选择"选区"层，再选择魔棒工具，选择一楼的两扇窗户。点击右键"选择反选"，然后再选择"高树树影"图层，按下【Del】键，删除其他区域高树。最后调整"高树树影"图层的透明度为35%。见图8-211、图8-212。

图 8-211　选择玻璃区域

图 8-212　调整后的效果

（5）制作厨房窗户上的树影。见图 8-213。

（6）制作二层窗户上的树影。见图 8-214。

（7）单击菜单栏的【文件】/【另存为】命令，将文件另存为"别墅鸟瞰图.jpg"文件。见图 8-215。

（8）单击菜单栏【滤镜】/【锐化】/【锐化】命令，调整效果图效果。见图 8-216。

图 8-213　制作厨房玻璃反射树影

图 8-214　制作二层玻璃反射树影

图 8-215　保存效果图文件

图 8-216　添加锐化命令后的效果

9

道路景观效果图后期处理

本章导读

掌握道路及道路绿化的制作方法，进一步加强色彩整体感觉，具备景观局部透视效果图的表现能力。能够完成以下任务。

① 分析平面图明确空间关系；

② 导入、修饰地形；

③ 添加背景；

④ 制作草地；

⑤ 添加乔木；

⑥ 制作灌木绿化；

⑦ 添加地被植物及花卉；

⑧ 修饰植物并添加阴影；

⑨ 添加景观构件；

⑩ 添加车辆；

⑪ 调整整体对比效果；

⑫ 合并图层及 JPEG 格式文件的输出。

9.1 分析平面图

制作效果图，要分析平面图、了解项目设计的空间布局和理解设计师整体设计构思至关重要，这决定了效果图能否较好地表达设计效果，反映了设计师设计的真实意图。

9.1.1 阅读 CAD 文件

（1）启动 Auto CAD 中文版软件。

（2）单击菜单栏中【文件】/【打开】命令，打开"CAD 文件"/"道路景观效果图"文件夹中的"道路平面图"，如图 9-1 所示。

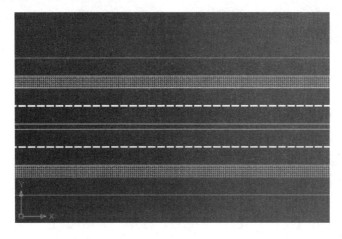

图 9-1 道路平面图

9.1.2 分析 CAD 文件

通过阅读平面图，能清楚发现该段道路绿化运用了大量的花灌木和小乔木。道路构成为两板三带式。

通过前面几章的讲解，已经了解了效果图制作的流程。由于道路景观效果图中相对其他形式的景观效果图相对简单，在 3DS MAX 建模中，工作量也不大。效果图制作前期，主要通过 3DS MAX 渲染出，道路的基本构成：车道、中央绿化带、人行道、道路边绿化带等。在 Photoshop 后期处理中，需要添加背景、行道树、灌木绿化以及其他的景观构件。

9.2 导入渲染图像处理

（1）启动 Photoshop。

（2）单击菜单栏中的【文件】/【打开】命令，打开已经渲染好的"道路.tga"和"道路-通道.tga"文件。

（3）在菜单栏中双击该图层，将其图名改为"道路"和"选区"。见图 9-2。

（4）选择工具栏中的魔棒工具，在

图 9-2 修改图层名称

"道路.tga"和"道路-通道.tga"中的黑色区域点击，并按下【Del】键将其删除。如图 9-3、图 9-4 所示。

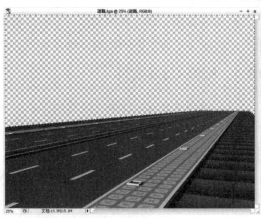

图 9-3　选择黑色区域　　　　　　　　　　　　　　图 9-4　删除黑色区域

（5）选择工具箱中的 工具，按住 Alt 的同时在"渲染-别墅.tga"图像上用鼠标左键拖动图像，拖动到"道路-通道.tga"文件中。

9.3　添加背景

（1）单击菜单栏中【文件】/【打开】命令，打开"PS 图像"/"道路景观效果图"文件夹中的"背景.psd"。见图 9-5。

图 9-5　文件"背景.psd"

（2）按【Ctrl+A】，全选图像，然后点击 移动工具，将图像拖动到"道路.psd"文件中。然后调整大小，并将该图层改名为"背景"，将其移动到上面两个图层的下面。见图 9-6。

图 9-6 移动复制背景图像

9.4 添加行道树

9.4.1 添加行道树一

（1）单击菜单栏中【文件】/【打开】命令，打开"PS 图像"/"道路景观效果图"文件夹中的"高树.psd"。

（2）点击索套工具，选择高树的阴影，并按【Del】键，将其删除。因为效果图中的光线方向和该树的阴影方向不一致，将重新制作。见图 9-7 和图 9-8。

图 9-7 索套命令选择阴影区域

图 9-8 删除阴影

（3）按【Ctrl+A】，全选图像，然后点击 ⊹ 移动工具，将图像拖动到"道路.psd"文件中。并将该图层改名为"行道树一"。

（4）调整行道树的大小使之适合效果图整体效果。见图 9-9。

图 9-9　调整行道树大小

9.4.2　绘制透视网点

（1）点击工具栏中的直线命令 ，并将调整其参数栏，如图 9-10 所示。

图 9-10　直线参数

（2）调整参数栏颜色为白色，其 RGB 值为 255，255，255。

（3）绘制透视线 1。在图像中，两次点击鼠标左键，沿着道路边沿，绘制一直线。见图 9-11。

图 9-11　拉出第一根透视线

（4）绘制透视线 2。再次沿着另外一侧的道路沿部，绘制直线。这样两条直线的交点就能确定一灭点（灭点为透视学中的一名词）。见图 9-12。

（5）绘制透视线，确定行道树大小。运用直线工具，在行道树 1 的底部和灭点之间绘制一直线。该侧行道树在画面中的大小，应由该透视线控制大小。移动复制行道树并调整大小如图 9-13 所示。

图 9-12　拉出第二根透视线　　　　　　　图 9-13　拉出第三根透视线

（6）利用透视线，在每个树池上复制一棵树，并按照透视线调整大小，使其满足透视关系。见图 9-14。

（7）建立图层组。将图层组命名为"行道树 1"，并将上面移动复制的行道树移动到该图层组中。见图 9-15。

图 9-14　找到灭点　　　　　　　　　　　图 9-15　调整图层面板

（8）绘制另一灭点。用直线工具绘制一水平直线，作为视平线。见图 9-16。

（9）沿着树池的中心，绘制一直线，使其与视平线相交。将其交点定为另一个灭点。见图 9-17。

（10）确定另一侧行道树大小。在第一棵行道树的顶端与灭点之间绘制一直线。见图 9-18。

图 9-16　拉出视平线

图 9-17　定位第二个灭点

图 9-18　继续拉透视线

（11）移动复制一棵行道树到道路的另外一侧，并调整其大小。见图 9-19。

（12）建立图层组 2。将刚才复制的行道树图层移至该图层组中。见图 9-20。

图 9-19　移动复制一棵行道树并调整大小　　　　　图 9-20　修改图层面板参数

（13）绘制另侧行道树透视线。在刚才复制的"行道树副本 21"的顶部与右侧灭点之间绘制直线。并移动复制"行道树副本 21"，并调整其大小。见图 9-21。

（14）隐藏图层组 1。沿着刚才绘制的透视线，移动复制行道树。见图 9-22。

图 9-21　移动复制"行道树副本 21"并调整大小　　　　图 9-22　移动一排行道树

（15）显示图层组 1。行道树效果如图 9-23 所示。

（16）添加行道树。通过观察，发现左下角较空，根据实际情况，应存在一棵行道树。按照刚才绘制的第一条透视线，移动复制一棵行道树。见图 9-24。

9.4.3　制作阴影

（1）选择工具栏 移动命令，在第一棵行道树上点击鼠标右键，选择"行道树"图层。如图 9-25 所示。

（2）移动复制一棵行道树，并调整形状大小，如图 9-26 所示。将其图层改名为"行道树阴影"。

图 9-23　显示图层组 1

图 9-24　行道树景观

图 9-25　选择行道树图层

图 9-26　移动复制行道树阴影

（3）选择工具栏的 ⬚ 框选命令，将阴影框选。再选择工具栏的 🔾 移动命令，调整其位置。见图 9-27。

（4）按下【Alt+Backspace】，用前景色"黑色"填充。再添加"动感模糊"滤镜，调整距离值为 300。并调整"行道树阴影"图层的不透明度为 70%。如图 9-28～图 9-30 所示。

图 9-27　框选阴影并移动

图 9-28　填充黑色阴影

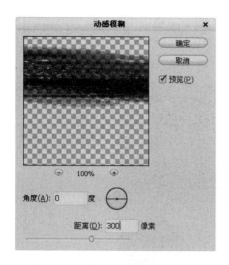

图 9-29　调整"动感模糊"的参数

图 9-30　制作好的阴影效果

（5）移动复制该阴影到每棵行道树下。最后按下【Ctrl+D】，取消选择。见图 9-31。

（6）选择工具栏的 框选命令，将"行道树"阴影框选。再选择工具栏的 移动命令，调整其位置到另一侧行道树下，并调整其大小。见图 9-32～图 9-34。

图 9-31　移动复制阴影

图 9-32　框选行道树阴影

图 9-33　移动复制阴影到道路的另一侧

图 9-34　移动复制阴影

（7）移动复制阴影到每棵行道树下。见图 9-35。

图 9-35　移动复制另一侧的阴影

9.5　添加灌木绿化

9.5.1　添加左侧灌木绿化

（1）添加花草 1。单击菜单栏中【文件】/【打开】命令，打开"PS 图像"/"道路景观效果图"文件夹中的"灌木 3.psd"。

（2）点击工具栏框选工具▢，框选左边的植物图例，再点击移动工具▸╋，按住键盘【Alt】键，移动复制该图例到效果图中。并按下【Ctrl+T】，调整其大小和位置，移动至另侧行道树后，注意调整图层的顺序。如图 9-36、图 9-37 所示。

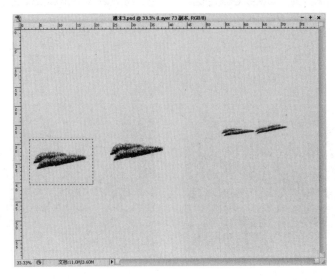

图 9-36　文件"灌木 3.psd"

（3）移动复制数棵花草。注意调整花草的大小，依次变小，延伸至远方。见图9-38。

图 9-37　调整灌木 3 的大小和位置　　　　　图 9-38　移动复制灌木 3

（4）添加花草 2。单击菜单栏中【文件】/【打开】命令，打开"PS 图像"/"道路景观效果图"文件夹中的"灌木 7.psd"。关闭行道树和阴影的图层和图层组，再点击移动工具，按住【Alt】键，移动复制该图例到效果图中。并按下【Ctrl+T】，调整其大小和位置，移动至另侧行道树后，注意调整图层的顺序。见图9-39。

（5）移动复制数棵花草 2 在花草 1 之间。见图9-40。

图 9-39　添加花草　　　　　　　　　　　图 9-40　移动复制花草

（6）添加花草 3。单击菜单栏中【文件】/【打开】命令，打开"PS 图像"/"道路景观效果图"文件夹中的"灌木 4.psd"。

（7）点击工具栏框选工具，框选左边的植物图例，再点击移动工具，按住【Alt】键，移动复制该图例到效果图中。并按下【Ctrl+T】，调整其大小和位置，移动至花草 2 后，注意调整图层的顺序。见图9-41、图9-42。

（8）添加花草 4。单击菜单栏中【文件】/【打开】命令，打开"PS 图像"/"道路景观效果图"文件夹中的"灌木 5.psd"。

（9）点击工具栏框选工具，框选左边的植物图例，再点击移动工具，按住【Alt】键，移动复制该图例到效果图中。并按下【Ctrl+T】，调整其大小和位置，移动至花草 2 后和花草 3 前，注意调整图层的顺序。见图 9-43、图 9-44。

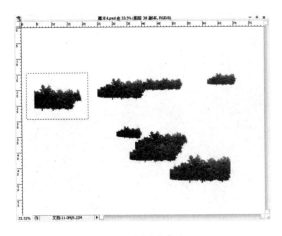

图 9-41　框选灌木 4

图 9-42　移动复制灌木 4

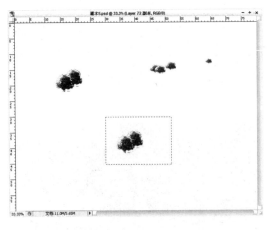

图 9-43　框选灌木 5

图 9-44　移动复制灌木 5

（10）添加高灌木。单击菜单栏中【文件】/【打开】命令，打开"PS 图像"/"道路景观效果图"文件夹中的"高灌木.psd"。再点击移动工具 ，按住【Alt】键，移动复制该图例到效果图中。并按下【Ctrl+T】，调整其大小和位置，移动至花草 4 后，注意调整图层的顺序。

（11）调整花草 3 效果。选择工具栏图章命令 ，选中花草 3 所在图层。按住【Alt】键，在花草 3 中部点击。再松掉【Alt】键，在其左边缘涂抹，修补图像。见图 9-45。

（12）添加其他草灌木。单击菜单栏中【文件】/【打开】命令，再次打开"PS 图像"/"道路景观效果图"文件夹中的"灌木 4.psd"。

（13）点击工具栏框选工具 ，框选左边的植物图例，再点击移动工具 ，按住【Alt】键，移动复制该图例到效果图中。并按下【Ctrl+T】，调整其大小和位置，移动至第二组花草之间，注意调整图层的顺序。见图 9-46、图 9-47。

（14）移动复制该草灌木到下一个空隙处。并调整其大小。再选择工具栏的框选命令 ，在复制后的草灌木上框选。见图 9-48。

图 9-45　图章调整

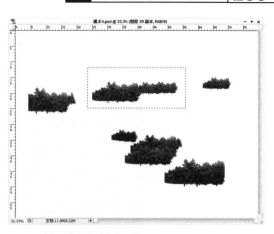

图 9-46　再次框选灌木 4

图 9-47　移动复制灌木 4

图 9-48　框选效果图中灌木 4

（15）选择工具栏的移动命令 ，并按下键盘【Alt】键，移动复制草灌木，填充剩余区域。最后按下【Ctrl+D】取消选择。见图 9-49。

（16）按照上面的方法，移动复制花草 4 和字灌木 1。并调整其大小，符合透视的基本规律。见图 9-50。

图 9-49　移动复制灌木 4

图 9-50　移动复制花草 4 和字灌木 1

（17）显示行道树和阴影各图层，观察效果。见图 9-51。

图 9-51　显示行道树整体效果

9.5.2　添加右侧灌木绿化

（1）添加右灌木 1。单击菜单栏中【文件】/【打开】命令，打开"PS 图像"/"道路景观效果图"文件夹中的"灌木 4.psd"。

（2）点击工具栏索套工具 ，框选左边的植物图例，再点击移动工具 ，按住【Alt】键，移动复制该图例到效果图中。并按下【Ctrl+T】，调整其大小和位置，移动至另侧行道树后，注意调整图层的顺序。将其图层命名为"右灌木 1"。见图 9-52、图 9-53。

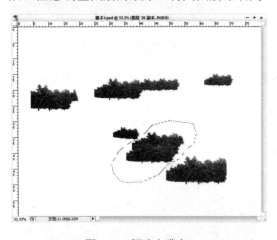

图 9-52　框选右灌木 1

图 9-53　移动复制右灌木 1

（3）修补花草。选择工具栏的图章工具 ，点击鼠标右键，调整参数为主直径 80px，硬度 9%，见图 9-54。按住【Alt】键，在花草中央点击，再放松【Alt】键，在花草边缘涂抹修补图像。

（4）添加右灌木 2。单击菜单栏中【文件】/【打开】命令，打开"PS 图像"/"道路景观效果图"文件夹中的"灌木 3.psd"。

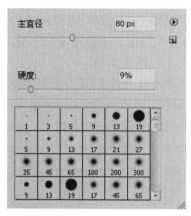

图 9-54　调整图章工具参数

（5）点击工具栏索套工具，框选左边的植物图例，再点击移动工具，按住键盘【Alt】键，移动复制该图例到效果图中。并按下【Ctrl+T】，调整其大小和位置，移动至花草 1 后，注意调整图层的顺序。将其图层命名为"右灌木 2"。见图 9-55、图 9-56。

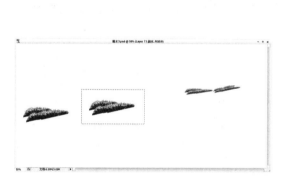

图 9-55　框选灌木 3

图 9-56　移动复制灌木 3

（6）点击工具栏索套工具，在花草 2 上选择一块区域，然后再选择工具栏的移动工具，按住键盘【Alt】键，移动复制该部分图像到右侧。最后按下键盘【Ctrl+D】，取消选区。见图 9-57、图 9-58。

图 9-57　索套框选花草 2

图 9-58　移动复制花草 2

（7）修补花草。选择工具栏的图章工具 ，点击鼠标右键，调整参数为主直径 80px，硬度 9%，按住【Alt】键，在花草中央点击，再放松【Alt】键，在花草边缘涂抹修补图像。注意控制花瓣和绿色叶片之间的关系。见图 9-59。

（8）添加高灌木。单击菜单栏中【文件】/【打开】命令，打开"PS 图像"/"道路景观效果图"文件夹中的"高灌木.psd"。再点击移动工具，按住键盘【Alt】键，移动复制该图例到效果图中。并按下【Ctrl+T】，调整其大小和位置，移动至花草 2 后，注意调整图层的顺序。将其图层命名为"右灌木 4"。见图 9-60。

图 9-59　图章修补花草空缺区域　　　　　　图 9-60　添加右灌木 4

（9）添加右灌木 3。单击菜单栏中【文件】/【打开】命令，打开"PS 图像"/"道路景观效果图"文件夹中的"灌木 5.psd"。

（10）点击工具栏框选工具，框选左边的植物图例，再点击移动工具，按住键盘【Alt】键，移动复制该图例到效果图中。并按下【Ctrl+T】，调整其大小和位置，移动至花草 2 后和小乔木前，注意调整图层的顺序。如图 9-61 所示。将其图层命名为"右灌木 3"。

（11）添加乔木 1。单击菜单栏中【文件】/【打开】命令，打开"PS 图像"/"道路景观效果图"文件夹中的"乔木 1.psd"。

（12）点击工具栏框选工具，框选植物图例，再点击移动工具，按住键盘【Alt】键，移动复制该图例到效果图中。并按下【Ctrl+T】，调整其大小和位置，移动至画面的右下角，注意调整图层的顺序。见图 9-62。

图 9-61　添加灌木 5　　　　　　　　　　图 9-62　添加乔木 1

（13）调整乔木效果。调整其颜色使其与画面和谐。选择"色相/饱和度"命令，将编辑颜色调整为：全图，调整色相为-3，饱和度为-9，明度为-15；再选择"亮度/对比度"命令，调整亮度为-15，对比度为+9。见图9-63、图9-64。

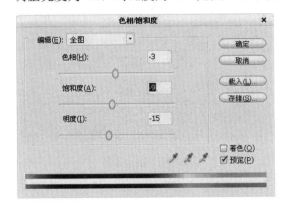 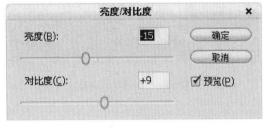

图9-63　调整"色相/饱和度"参数　　　　图9-64　调整"亮度/对比度"参数

（14）选择工具栏移动工具 ▶╋，在花草1上点击鼠标右键，选择"右灌木1"图层，按住【Alt】键，移动复制花草，往上移动至刚绘制的灌木丛的上部，并调整其大小。见图9-65、图9-66。

图9-65　选择右灌木1所在图层　　　　图9-66　移动复制花草

（15）用同样的方法移动复制花草2。并调整大小和位置，如图9-67所示。

（16）添加透视线。为了控制灌木丛的透视关系，再次添加几根透视线，控制各灌木的透视大小变化。点击工具栏直线命令 ＼，在乔木的树干底部和右灭点间绘制一条直线。该直线用来控制乔木的透视关系。见图9-68。

（17）继续添加直线。在红色的花草4的右侧与右灭点间绘制直线。该直线用来控制"花草4"的位置。见图9-69。

（18）在"高灌木"底部和右灭点间绘制一直线，用以控制"高灌木"的位置。见图9-70。

（19）选择工具栏移动工具 ▶╋，在花草4上点击鼠标右键，选择"右灌木3"图层，按住【Alt】键，移动复制花草，往上移动至刚绘制的灌木丛的上部，并调整其大小。注意透视线的控制。见图9-71和图9-72。

图 9-67　移动复制花草 2

图 9-68　拉透视线

图 9-69　继续拉透视线

图 9-70　继续拉透视线

图 9-71　选择右灌木 3 图层

图 9-72　移动复制花草

（20）选择工具栏移动工具 ![移动工具]，在高灌木上点击鼠标右键，选择该图层，按住【Alt】键，移动复制，移动至花草 4 旁。见图 9-73。

（21）选择工具栏移动工具 ![移动工具]，在乔木上点击鼠标右键，选择该图层，按住【Alt】键，移动复制花草，注意图层顺序。见图 9-74。

图 9-73 移动复制高灌木

图 9-74 继续移动复制

（22）继续复制右灌木 1。选择工具栏移动工具 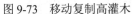，在右灌木 1 副本上点击鼠标右键，选择"右灌木 1 副本"图层，按住【Alt】键，移动复制花草，往上移动至刚绘制的灌木丛的上部，并调整其大小。注意透视线的控制。见图 9-75、图 9-76。

图 9-75 选择右灌木 1 副本图层

图 9-76 移动复制

（23）运用上面的方法，依次复制灌木，形成效果如图 9-77 所示。

（24）再沿透视线，依次复制乔木，调整大小，符合透视关系。见图 9-78。

图 9-77 依次移动复制灌木

图 9-78 调整乔木大小

（25）右侧绿化带绘制好的效果见图 9-79。

图 9-79　调整后的效果

9.6　添加背景树

（1）单击菜单栏中【文件】/【打开】命令，打开"PS 图像"/"道路景观效果图"文件夹中的"背景 2.psd"。

（2）点击 移动工具，将图像拖动到"道路.psd"文件中。并将该图层改名为"背景 2"。调整图层顺序，使其在道路和绿化后面，背景 1 前。见图 9-80。

图 9-80　移动复制背景树

（3）点击索套工具，框选左边多余的区域，并按【Del】键，将其删除。再框选右边的区域，将其删除。见图9-81、图9-82。

图9-81　框选背景树

图9-82　框选一部分背景树并删除

（4）调整背景效果。调整其颜色使其与画面和谐。选择【色相/饱和度】命令，将编辑颜色调整为黄色，调整色相为+21，饱和度为-17，明度为-58，见图9-83；再选择【亮度/对比度】命令，调整亮度为-8，对比度为+35，见图9-84。调整好后的效果见图9-85。

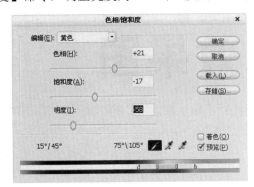

图9-83　调整"色相/饱和度"参数

图9-84　调整"亮度/对比度"参数

图9-85　背景树调整好的效果

10

休闲绿地景观效果图
后期处理

本章导读

　　掌握休闲绿地效果图的制作方法，进一步加强植物搭配的整体感觉，巩固鸟瞰图景观效果处理的表现能力。能够掌握以下技能。

① 导入渲染图像处理；

② 添加背景；

③ 添加背景树；

④ 调整草坪；

⑤ 添加树阵乔木；

⑥ 添加大乔木；

⑦ 添加其他乔木；

⑧ 添加灌木层；

⑨ 添加园外绿化；

⑩ 添加效果图配景；

⑪ 储存图像并最后处理。

10.1 导入渲染图像处理

（1）启动 Photoshop。

（2）单击菜单栏中的【文件】/【打开】命令，打开已经渲染好的"底图.tga"和"底图-通道.tga"文件。见图 10-1、图 10-2。

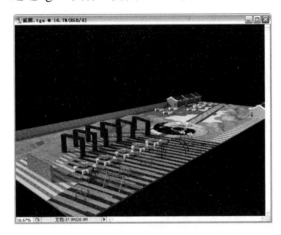

图 10-1　底图.tga

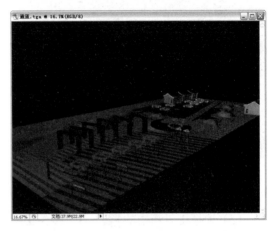

图 10-2　底图-通道.tga

（3）在菜单栏中双击"背景"层，将其图名改为"画面"。见图 10-3。

图 10-3　调整图层面板

（4）选择工具栏中的魔棒 工具，调整参数如图 10-4 所示，并在"底图.tga"和"底图-通道.tga"中的黑色区域点击，并按下【Del】键，将其删除。见图 10-5、图 10-6。

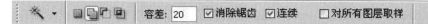

图 10-4　魔棒属性栏参数

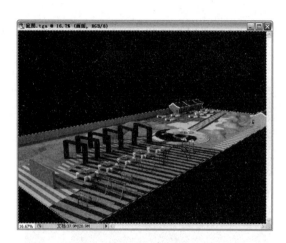

图 10-5　魔棒选择黑色区域

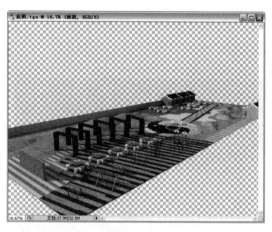

图 10-6　删除黑色的背景区域

（5）选择工具箱中的 工具，按住【Alt】键的同时在"底图.tga"图像上用鼠标左键拖动图像，拖动到"底图-通道.tga"文件中。使"底图"图层置于"通道"层之上。见图 10-7。

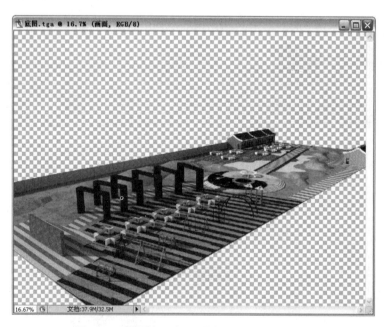

图 10-7　"底图"层与"通道"层合并后的效果

10.2　添加背景

（1）单击菜单栏中【文件】/【打开】命令，打开"PS 图像"/"休闲绿地景观效果图"文件夹中的"背景.psd"。见图 10-8。

图 10-8　图像 "背景.psd"

（2）按【Ctrl+A】，全选图像，然后点击 移动工具，将图像拖动到 "效果图.psd" 文件中。然后调整大小，将该图层改名为 "背景"，并将其移动到上面两个图层的下面。见图 10-9、图 10-10。

图 10-9　调整图层面板图层顺序　　　　图 10-10　移动复制背景到效果中

（3）点击矩形选框工具 ，选取背景图像。然后点击 移动工具，按住【Alt】键，移动复制出一块背景图像。见图 10-11、图 10-12。

（4）点击【编辑】/【变化】/【水平翻转】命令。变换图像，并移动图像位置。如图 10-13所示。

图 10-11　框选背景图像　　　　　　　　　图 10-12　移动复制背景图像

（5）选择图章工具 ▣，以左边图像中的云层为目标点，涂改云层效果，如图 10-14 所示。

图 10-13　把复制的背景图像移动到适当位置　　　　图 10-14　图章工具修改背景图像

（6）调整前景色 RGB 值为：89，125，187。并新建一图层于"背景"层上，"底图"层下。见图 10-15。

（7）选择渐变工具 ▣，选择"线性渐变"，并在图像的上部往中部拖拉，形成蓝色天幕效果。如图 10-16 所示。

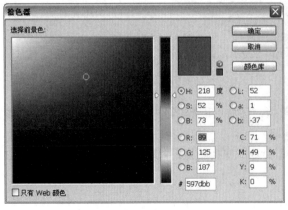

图 10-15　调整前景色参数　　　　　　　　　图 10-16　拉动渐变工具

（1）单击菜单栏中【文件】/【打开】命令，打开"PS 图像"/"休闲绿地景观效果图"文件夹中的"背景树 1.psd"。见图 10-17。

（2）点击 移动工具，将图像拖动到"效果图.psd"文件中。然后调整大小，将该图层改名为"背景树"，将其移动到"背景"层上，"底图"层下。

（3）点击矩形选框工具 ，选取背景图像。然后点击 移动工具，按住【Alt】键，移动复制出背景树图像。见图 10-18～图 10-20。

图 10-17　图像"背景树 1.psd"

图 10-18　框选背景树

图 10-19　移动复制背景树

图 10-20　移动复制背景树

（4）由于背景树颜色偏暗，需要调节下列参数，使画面和谐。见图 10-21～图 10-23。

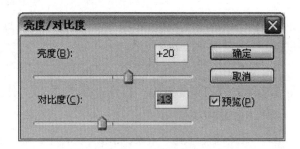

图 10-21　调整"亮度/对比度"参数

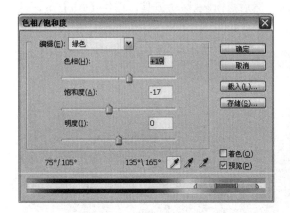

图 10-22　调整"色相/饱和度"参数

图 10-23　调整"色相/饱和度"参数

10.4　调整草坪

（1）隐藏除了"通道"与"背景"图层之外的所有图层，选择魔棒工具 ，用该工具选择所有草坪区域。见图 10-24。

（2）显示"底图"图层，并选择该图层。见图 10-25。

图 10-24　选择草地区域

图 10-25　显示"底图"图层

（3）调整草坪的"色相/饱和度"，其参数为：0，−6，−20。见图10-26。调整后的效果见图10-27。

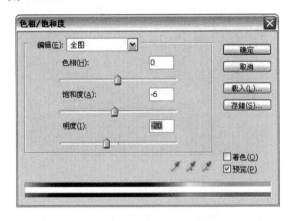

图10-26　调整"色相/饱和度"参数　　　　　　图10-27　草地调整后的效果

10.5　添加树阵乔木

（1）单击菜单栏中【文件】/【打开】命令，打开"PS图像"/"休闲绿地景观效果图"文件夹中的"高树.psd"。见图10-28。

（2）按【Ctrl+A】，全选图像，然后点击 移动工具，将图像拖动到"效果图.psd"文件中。并将该图层改名为"高树1"。见图10-29。

图10-28　高树.psd　　　　　　　　　　图10-29　高树移动到效果图中

（3）调整高树1的大小。适合效果图整体效果。并移动复制出数棵树。见图10-30。

（4）选择工具栏索套工具 ，将超出坐凳部分的树干选择，并删除。见图10-31。

（5）点击移动工具 ，在第一棵高树上点击右键，选择该图层。见图10-32。

（6）按住【Alt】键，移动复制数棵高树到另一块树阵区。并调整其大小。见图10-33。

（7）继续移动复制数棵高树。见图10-34。

图 10-30　移动复制数棵高树 1

图 10-31　修改后的高树 1 效果

图 10-32　选择高树 1 图层

图 10-33　继续移动复制高树 1

（8）为了除去空间错位的树干，选择索套工具，在坐凳处框选。见图 10-35。

图 10-34　移动复制数棵高树 1 并调整大小

图 10-35　框选错位树干

（9）调整到三棵树所在的图层，分别删除三处区域的树干。见图 10-36。

（10）按【Ctrl+D】，取消选择。见图 10-37。

图 10-36　删除错位树干

图 10-37　取消选区

（11）添加好高树 1 后的，整体效果。见图 10-38。

图 10-38　调整好后的高树 1 群

10.6　添加大乔木

（1）单击菜单栏中【文件】/【打开】命令，打开"PS 图像"/"休闲绿地景观效果图"
文件夹中的"高树 2.psd"。见图 10-39。

（2）按【Ctrl+A】，全选图像，然后点击 ✥ 移动工具，将图像拖动到"效果图.psd"文件
中。并将该图层改名为"高树 2"。见图 10-40。

图 10-39 文件 "高树 2.psd"

图 10-40 移动高树 2

（3）修改树干。选择工具栏图章工具 ，并调整图章主直径 12px，并以底部树干为目标点，延长底部树干。见图 10-41、图 10-42。

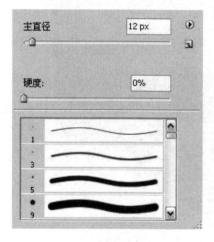

图 10-41 调整图章参数

图 10-42 图章修饰高树 2

（4）制作阴影移动复制一棵行道树，并按下【Ctrl+T】调整形状大小，点击右键选择"扭曲"。见图 10-43、图 10-44。

（5）调整复制后的高树，如图 10-45 所示。

（6）选择工具栏的 框选命令，将阴影框选。再选择工具栏的 移动命令，调整其位置。见图 10-46、图 10-47。

（7）调整前景色为"黑色"。按下键盘【Alt+Backspace】，用前景色"黑色"填充。再添加"动感模糊"滤镜，调整距离值为 586。并调整"高树 2 阴影"图层的不透明度为 70%。最后按下【Ctrl+D】，取消选区。见图 10-48、图 10-49、图 10-50。

图 10-43　复制高树 2

图 10-44　修改变化参数

图 10-45　调整复制后的高树 2 形状

图 10-46　框选复制的高树 2

图 10-47　移动副本

图 10-48　黑色填充复制的高树 2 阴影

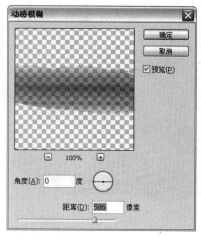

图 10-49　调整阴影的"动感模糊"参数

（8）修正大乔木。选择工具栏移动工具 ，点击右键。选择该图层。图 10-51。

图 10-50　调整阴影图层的参数

图 10-51　选择高树 2 图层

（9）选择索套工具 ，选取树干与坐凳重合的区域。并按下【Del】键，将其删除。最后按下键盘的【Ctrl+D】，取消选择。见图 10-52、图 10-53。制作好后的效果见图 10-54。

图 10-52　框选和坐凳重合的部分

图 10-53　删除重合部分

图 10-54　阴影制作好后的效果

10.7 添加其他乔木

10.7.1　添加单棵竹子

（1）单击菜单栏中【文件】/【打开】命令，打开"PS 图像"/"休闲绿地景观效果图"文件夹中的"竹.psd"。见图 10-55。

（2）按【Ctrl+A】，全选图像，然后点击 ⊹ 移动工具，将图像拖动到"效果图.psd"文件中。并将该图层改名为"竹"。并调整其大小。见图 10-56。

图 10-55　文件"竹.psd"

图 10-56　移动复制竹子到效果图中

（3）制作阴影。用上面介绍的方法，制作阴影。并将其放置在合适的位置。如图 10-57 所示。

（4）调整阴影图层的不透明度为 70%。见图 10-58。

图 10-57　制作竹子的阴影

图 10-58　调整竹子阴影的不透明度

（5）选择索套工具 ，框选图 10-59 区域。并按下【Del】键，将区域内的阴影删除，见图 10-60。

图 10-59　修饰阴影 1

图 10-60　修饰阴影 2

（6）在图层面板中，选择"竹"图层。再次按下【Del】键。将多余的竹子删除。见图 10-61。

（7）选择工具栏的 命令，将"竹"图层选取。再选择工具栏的 移动命令，调整其位置到与阴影接触。见图 10-62、图 10-63。

图 10-61　修饰竹子

图 10-62　框选竹子的一部分

（8）修正"竹"。将近墙的枝干删除。见图 10-64。

图 10-63　调整竹子的位置　　　　　　　　　图 10-64　修饰竹子后的效果

（9）复制两棵竹子。选择工具栏索套工具，选取右边的两棵竹子，见图 10-65。再选择工具栏移动命令，并按下键盘【Alt】键，复制两棵竹子，移动至如图 10-66 所示区域。最后按下键盘【Ctrl+D】，取消选区。见图 10-67。

图 10-65　框选两棵竹子　　　　　　　　　　图 10-66　移动复制竹子

（10）制作阴影。如图 10-68 所示。

图 10-67　调整复制竹子的大小和位置　　　　图 10-68　制作阴影

10.7.2 添加乔木层

（1）单击菜单栏中【文件】/【打开】命令，打开"PS 图像"/"休闲绿地景观效果图"文件夹中的"高树 3.psd"。见图 10-69。

（2）按【Ctrl+A】，全选图像，然后点击 移动工具，将图像拖动到"效果图.psd"文件中。并将该图层改名为"高树 3"。并调整其大小。再移动复制数棵高树 3，如图 10-70 所示。

图 10-69　文件"高树 3.psd"　　　　　　　　图 10-70　移动复制高树 3

（3）分别制作数棵高树 3 的阴影，并修饰。见图 10-71。

（4）单击菜单栏中【文件】/【打开】命令，打开"PS 图像"/"休闲绿地景观效果图"文件夹中的"高树 1.psd"。移动复制数棵高树 1，调整其大小，摆放到如图 10-72 所示的位置上。并对其进行修饰。

图 10-71　制作高树 3 的阴影　　　　　　　　图 10-72　移动复制高树 1

（5）添加阴影效果。如图 10-73 所示。

（6）单击菜单栏中【文件】/【打开】命令，打开"PS 图像"/"休闲绿地景观效果图"文件夹中的"高树 6.psd"。见图 10-74。

（7）按【Ctrl+A】，全选图像，然后点击 移动工具，将图像拖动到"效果图.psd"文件中。并将该图层改名为"高树 6"，调整其大小。再移动复制数棵高树 6，如图 10-75 所示。

图 10-73 制作高树 1 阴影

图 10-74 文件"高树 6.psd"

图 10-75 移动复制数棵高树 6

（8）分别制作数棵高树 6 的阴影，并修饰。见图 10-76。

（9）单击菜单栏中【文件】/【打开】命令，打开"PS 图像"/"休闲绿地景观效果图"文件夹中的"高树 5.psd"。见图 10-77。

图 10-76 制作高树 6 的阴影

图 10-77 文件"高树 5.psd"

（10）按【Ctrl+A】，全选图像，然后点击 移动工具，将图像拖动到"效果图.psd"文件中。并将该图层改名为"高树5"，调整其大小。再移动复制数棵高树5，如图10-78所示。

（11）分别制作数棵高树5的阴影，并修饰。见图10-79。

图 10-78　移动复制高树 5

图 10-79　制作高树 5 的阴影

（12）单击菜单栏中【文件】/【打开】命令，打开"PS 图像"/"休闲绿地景观效果图"文件夹中的"高树 3.psd"。见图 10-80。

（13）按【Ctrl+A】，全选图像，然后点击 移动工具，将图像拖动到"效果图.psd"文件中。并将该图层改名为"高树 3"，调整其大小。再移动复制数棵高树 3，如图 10-81所示。

图 10-80　文件"高树 3.psd"

图 10-81　移动复制高树 3 并修饰

（14）分别制作数棵高树 3 的阴影，并修饰。见图 10-82。

（15）形成的整体景观如图 10-83 所示。

（16）单击菜单栏中【文件】/【打开】命令，打开"PS 图像"/"休闲绿地景观效果图"文件夹中的"竹.psd"。见图 10-84。

（17）按键盘上的【Ctrl+A】，全选图像，然后点击 移动工具，将图像拖动到"效果图.psd"文件中。再移动复制数棵竹子，形成竹林景观效果。如图 10-85 所示。

图 10-82　制作高树 3 的阴影

图 10-83　整体景观效果

图 10-84　文件"竹.psd"

图 10-85　移动复制形成竹林景观

（18）修饰竹枝，并进一步补充竹林，丰富竹林效果。见图 10-86。

（19）添加竹林阴影效果。形成竹林的空间层次。见图 10-87。

图 10-86　丰富竹林景观

图 10-87　制作竹林阴影

10.8　添加灌木层

（1）单击菜单栏中【文件】/【打开】命令，打开"PS图像"/"休闲绿地景观效果图"文件夹中的"灌木1.psd"。见图10-88。

（2）按【Ctrl+A】，全选图像，然后点击 移动工具，将图像拖动到"效果图.psd"文件中。再移动复制数棵灌木1，形成灌木层效果。如图10-89～图10-91所示。

图10-88　文件"灌木1.psd"

图10-89　移动复制灌木1效果

图10-90　移动复制灌木1效果

图10-91　移动复制灌木1整体效果

（3）单击菜单栏中【文件】/【打开】命令，打开"PS图像"/"休闲绿地景观效果图"文件夹中的"灌木2.psd"。见图10-92。

（4）按【Ctrl+A】，全选图像，然后点击 移动工具，将图像拖动到"效果图.psd"文件中。再移动复制数棵灌木2。如图10-93所示。

（5）单击菜单栏中【文件】/【打开】命令，打开"PS图像"/"休闲绿地景观效果图"文件夹中的"灌木3.psd"。见图10-94。

（6）按【Ctrl+A】，全选图像，然后点击 移动工具，将图像拖动到"效果图.psd"文件中。再移动复制数棵灌木3。如图10-95所示。

图 10-92　文件"灌木 2.psd"

图 10-93　移动复制灌木 2 效果

图 10-94　文件"灌木 3.psd"

图 10-95　移动复制灌木 3 效果

（7）制作阴影效果。如图 10-96、图 10-97 所示。

图 10-96　制作阴影

图 10-97　制作阴影效果

（8）整体效果，如图 10-98 所示。

（9）通过观察，发现靠近大门的区域缺少一些树木。因此进行调整，可添加一棵乔木，并添加阴影。见图 10-99。

图 10-98　形成的整体效果

图 10-99　添加乔木并制作阴影

（10）形成的景观效果，如图 10-100 所示。

图 10-100　形成的景观效果

10.9　添加园外绿化

（1）制作草坪。方法与别墅鸟瞰图一章相似。见图 10-101。

（2）添加乔木绿化。主要用来衬托绿地内景物。以乔木绿化为主。添加乔木 1，见图 10-102，移动复制乔木见图 10-103。

图 10-101　制作草坪

图 10-102　乔木 1

（3）添加乔木 2。见图 10-104。

图 10-103　移动复制乔木 1

图 10-104　移动复制乔木 2

（4）添加乔木 3。见图 10-105。

（5）添加乔木 4。见图 10-106。

（6）添加乔木 5。见图 10-107。

（7）添加乔木 6。见图 10-108、图 10-109。

图 10-105　移动复制乔木 3

图 10-106　移动复制乔木 4

图 10-107　添加乔木 5

图 10-108　移动复制乔木 6

图 10-109　添加乔木 6 的阴影

（8）添加乔木 7。见图 10-110。

（9）添加花丛。见图 10-111。

图 10-110　移动复制乔木 7

图 10-111　移动复制花丛

10.10　添加效果图配景

（1）添加半树配景。单击菜单栏中【文件】/【打开】命令，打开"PS 图像"/"休闲绿地景观效果图"文件夹中的"半树.psd"。见图 10-112。

（2）按【Ctrl+A】，全选图像，然后点击 移动工具，将图像拖动到"效果图.psd"文件中。如图 10-113 所示。

（3）添加人群。单击菜单栏中【文件】/【打开】命令，打开"PS 图像"/"休闲绿地景观效果图"文件夹中的"人群.psd"。见图 10-114。

（4）将人物移动复制到效果图中，并根据透视关系，调整大小，并制作阴影。见图 10-115、图 10-116。

图 10-112　文件"半树.psd"

图 10-113　移动复制到效果图中

图 10-114　文件"人群.psd"

图 10-115　复制人群效果

图 10-116　复制人群效果

（5）添加鸟群 1。单击菜单栏中【文件】/【打开】命令，打开"PS 图像"/"休闲绿地景观效果图"文件夹中的"鸟群 1.psd"。见图 10-117。

（6）移动复制到效果图中。见图 10-118。

图 10-117　文件"鸟群 1.psd"

图 10-118　复制鸟群 1 效果

（7）添加鸟群 2。打开"鸟群 2.psd"文件，移动复制到效果图中，并调整大小。见图 10-119、图 10-120。

图 10-119　文件"鸟群 2.psd"

图 10-120　复制鸟群 2 效果

（8）添加云雾效果。单击菜单栏中【文件】|【打开】命令，打开"PS 图像"/"休闲绿地景观效果图"文件夹中的"云.psd"。见图 10-121。

（9）移动复制到效果图中，并调整其大小。见图 10-122。

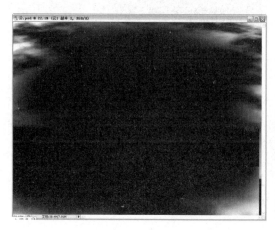

图 10-121　文件"云.psd"

图 10-122　复制云层效果

10.11 储存图像并最后处理

（1）单击菜单栏的【文件】|【另存为】命令，将文件另存为"休闲绿地景观效果图.jpg"文件。见图 10-123。

图 10-123 储存图像 JPEG 格式

（2）单击菜单栏【滤镜】/【锐化】/【锐化】命令，调整效果图效果。如图 10-124 所示。

图 10-124 添加锐化效果

附录

Photoshop 常用
快捷键

1．工具箱的快捷键

操　作	快 捷 键	操　作	快 捷 键
矩形、椭圆选框工具	【M】	矩形、圆边矩形、椭圆、多边形、直线工具	【U】
移动工具	【V】	写字板、声音注释工具	【N】
套索、多边形套索、磁性套索工具	【L】	吸管、颜色取样器、度量工具	【I】
魔棒工具	【W】	抓手工具	【H】
裁剪工具	【C】	缩放工具	【Z】
切片工具、切片选择工具	【K】	默认前景色和背景色	【D】
喷枪工具	【J】	切换前景色和背景色	【X】
画笔工具、铅笔工具	【B】	切换标准模式和快速蒙版模式	【Q】
橡皮图章、图案图章工具	【S】	标准屏幕模式、带有菜单栏的全屏模式、全屏模式	【F】
历史画笔工具、艺术历史画笔	【Y】	跳到 ImageReady3.0 中	【Ctrl+Shift+M】
橡皮擦、背景擦除、魔术橡皮擦	【E】	临时使用移动工具	【Ctrl】
渐变工具、油漆桶工具	【G】	临时使用吸色工具	【Alt】
模糊、锐化、涂抹工具	【R】	临时使用抓手工具	【空格】
减淡、加深、海绵工具	【O】	快速输入工具选项（当前工具选项面板中至少有一个可调节数字）	【0】至【9】
路径选择工具、直接选取工具	【A】	循环选择画笔	【[】或【]】
文字工具	【T】	建立新渐变（在"渐变编辑器"中）	【Ctrl+N】
钢笔、自由钢笔工具	【P】		

2．文件操作快捷键

操　作	快 捷 键	操　作	快 捷 键
新建图形文件	【Ctrl+N】	存储为网页用图形	【Ctrl+Alt+Shift+S】
打开已有的图像	【Ctrl+O】	页面设置	【Ctrl+Shift+P】
打开为…	【Ctrl+Alt+O】	打印预览	【Ctrl+Alt+P】
关闭当前图像	【Ctrl+W】	打印	【Ctrl+P】
保存当前图像	【Ctrl+S】	退出Photoshop	【Ctrl+Q】
另存为…	【Ctrl+Shift+S】		

3．编辑操作快捷键

操　作	快 捷 键
还原/重做前一步操作	【Ctrl+Z】
一步一步向前还原	【Ctrl+Alt+Z】
一步一步向后重做	【Ctrl+Shift+Z】
淡入/淡出	【Ctrl+Shift+F】
剪切选取的图像或路径	【Ctrl+X】或【F2】
拷贝选取的图像或路径	【Ctrl+C】
合并拷贝	【Ctrl+Shift+C】
将剪贴板的内容粘到当前图形中	【Ctrl+V】或【F4】
将剪贴板的内容粘到选框中	【Ctrl+Shift+V】
自由变换	【Ctrl+T】
应用自由变换（在自由变换模式下）	【Enter】
从中心或对称点开始变换（在自由变换模式下）	【Alt】
限制（在自由变换模式下）	【Shift】
扭曲（在自由变换模式下）	【Ctrl】
取消变形（在自由变换模式下）	【Esc】
自由变换复制的像素数据	【Ctrl+Shift+T】
再次变换复制的像素数据并建立一个副本	【Ctrl+Shift+Alt+T】

续表

操　作	快　捷　键
删除选框中的图案或选取的路径	【DEL】
用背景色填充所选区域或整个图层	【Ctrl+BackSpace】或【Ctrl+Del】
用前景色填充所选区域或整个图层	【Alt+BackSpace】或【Alt+Del】
弹出"填充"对话框	【Shift+BackSpace】
从历史记录中填充	【Alt+Ctrl+Backspace】
打开"颜色设置"对话框	【Ctrl+Shift+K】
打开"预先调整管理器"对话框	【Alt+E】放开后按【M】
预设画笔（在"预先调整管理器"对话框中）	【Ctrl+1】
预设颜色样式（在"预先调整管理器"对话框中）	【Ctrl+2】
预设渐变填充（在"预先调整管理器"对话框中）	【Ctrl+3】
预设图层效果（在"预先调整管理器"对话框中）	【Ctrl+4】
预设图案填充（在"预先调整管理器"对话框中）	【Ctrl+5】
预设轮廓线（在"预先调整管理器"对话框中）	【Ctrl+6】
预设定制矢量图形（"预先调整管理器"对话框中）	【Ctrl+7】
打开"预置"对话框	【Ctrl+K】
显示最后一次显示的"预置"对话框	【Alt+Ctrl+K】
设置"常规"选项（在预置对话框中）	【Ctrl+1】
设置"存储文件"（在预置对话框中）	【Ctrl+2】
设置"显示和光标"（在预置对话框中）	【Ctrl+3】
设置"透明区域与色域"（在预置对话框中）	【Ctrl+4】
设置"单位与标尺"（在预置对话框中）	【Ctrl+5】
设置"参考线与网格"（在预置对话框中）	【Ctrl+6】
设置"增效工具与暂存盘"（在预置对话框中）	【Ctrl+7】
设置"内存与图像高速缓存"（在预置对话框中）	【Ctrl+8】

4. 图像调整快捷键

操　作	快　捷　键
调整色阶	【Ctrl+L】
自动调整色阶	【Ctrl+Shift+L】
自动调整对比度	【Ctrl+Alt+Shift+L】
打开曲线调整对话框	【Ctrl+M】
在所选通道的曲线上添加新的点（"曲线"对话框中）	在图像中【Ctrl】加点按
在复合曲线以外的所有曲线上添加新的点（"曲线"对话框中）	【Ctrl+Shift】加点按
移动所选点（'曲线'对话框中）	【↑】/【↓】/【←】/【→】
以10点为增幅移动所选点以10点为增幅（"曲线"对话框中）	【Shift+箭头】
选择多个控制点（"曲线"对话框中）	【Shift】加点按
前移控制点（"曲线"对话框中）	【Ctrl+Tab】
后移控制点（"曲线"对话框中）	【Ctrl+Shift+Tab】
添加新的点（"曲线"对话框中）	点按网格
删除点（"曲线"对话框中）	【Ctrl】加点按点
取消选择所选通道上的所有点（"曲线"对话框中）	【Ctrl+D】
使曲线网格更精细或更粗糙（"曲线"对话框中）	【Alt】加点按网格
选择彩色通道（"曲线"对话框中）	【Ctrl+~】
选择单色通道（"曲线"对话框中）	【Ctrl+数字】
打开"色彩平衡"对话框	【Ctrl+B】
打开"色相/饱和度"对话框	【Ctrl+U】
全图调整（在"色相/饱和度"对话框中）	【Ctrl+~】
只调整红色（在"色相/饱和度"对话框中）	【Ctrl+1】
只调整黄色（在"色相/饱和度"对话框中）	【Ctrl+2】
只调整绿色（在"色相/饱和度"对话框中）	【Ctrl+3】

续表

操　作	快　捷　键
只调整青色（在"色相/饱和度"对话框中）	【Ctrl+4】
只调整蓝色（在"色相/饱和度"对话框中）	【Ctrl+5】
只调整洋红（在"色相/饱和度"对话框中）	【Ctrl+6】
去色	【Ctrl+Shift+U】
反相	【Ctrl+I】
打开"抽取（Extract）"对话框	【Ctrl+Alt+X】
边缘增亮工具（在"抽取"对话框中）	【B】
填充工具（在"抽取"对话框中）	【G】
擦除工具（在"抽取"对话框中）	【E】
清除工具（在"抽取"对话框中）	【C】
边缘修饰工具（在"抽取"对话框中）	【T】
缩放工具（在"抽取"对话框中）	【Z】
抓手工具（在"抽取"对话框中）	【H】
改变显示模式（在"抽取"对话框中）	【F】
加大画笔大小（在"抽取"对话框中）	【]】
减小画笔大小（在"抽取"对话框中）	【[】
完全删除增亮线（在"抽取"对话框中）	【Alt+BackSpace】
增亮整个抽取对象（在"抽取"对话框中）	【Ctrl+BackSpace】
打开"液化（Liquify）"对话框	【Ctrl+Shift+X】
扭曲工具（在"液化"对话框中）	【W】
顺时针转动工具（在"液化"对话框中）	【R】
逆时针转动工具（在"液化"对话框中）	【L】
缩拢工具（在"液化"对话框中）	【P】
扩张工具（在"液化"对话框中）	【B】
反射工具（在"液化"对话框中）	【M】
重构工具（在"液化"对话框中）	【E】
冻结工具（在"液化"对话框中）	【F】
解冻工具（在"液化"对话框中）	【T】
应用"液化"效果并退回 Photoshop 主界面（在"液化"对话框中）	【Enter】
放弃"液化"效果并退回 Photoshop 主界面（在"液化"对话框中）	【ESC】

5. 图层操作快捷键

操　作	快　捷　键
从对话框新建一个图层	【Ctrl+Shift+N】
以默认选项建立一个新的图层	【Ctrl+Alt+Shift+N】
通过拷贝建立一个图层（无对话框）	【Ctrl+J】
从对话框建立一个通过拷贝的图层	【Ctrl+Alt+J】
通过剪切建立一个图层（无对话框）	【Ctrl+Shift+J】
从对话框建立一个通过剪切的图层	【Ctrl+Shift+Alt+J】
与前一图层编组	【Ctrl+G】
取消编组	【Ctrl+Shift+G】
将当前层下移一层	【Ctrl+[】
将当前层上移一层	【Ctrl+]】
将当前层移到最下面	【Ctrl+Shift+[】
将当前层移到最上面	【Ctrl+Shift+]】
激活下一个图层	【Alt+[】
激活上一个图层	【Alt+]】
激活底部图层	【Shift+Alt+[】
激活顶部图层	【Shift+Alt+]】
向下合并或合并联接图层	【Ctrl+E】

续表

操　作	快　捷　键
合并可见图层	【Ctrl+Shift+E】
盖印或盖印连接图层	【Ctrl+Alt+E】
盖印可见图层	【Ctrl+Alt+Shift+E】
调整当前图层的透明度（当前工具为无数字参数的，如移动工具）	【0】至【9】
保留当前图层的透明区域（开关）	【/】
使用预定义效果（在"效果"对话框中）	【Ctrl+1】
混合选项（在"效果"对话框中）	【Ctrl+2】
投影选项（在"效果"对话框中）	【Ctrl+3】
内部阴影（在"效果"对话框中）	【Ctrl+4】
外发光（在"效果"对话框中）	【Ctrl+5】
内发光（在"效果"对话框中）	【Ctrl+6】
斜面和浮雕（在"效果"对话框中）	【Ctrl+7】
轮廓（在"效果"对话框中）	【Ctrl+8】
材质（在"效果"对话框中）	【Ctrl+9】

6. 图层混合模式快捷键

操　作	快　捷　键	操　作	快　捷　键
循环选择混合模式	【Shift+-】或【+】	变暗 Darken	【Shift+Alt+K】
正常 Normal	【Shift+Alt+N】	变亮 Lighten	【Shift+Alt+G】
溶解 Dissolve	【Shift+Alt+I】	差值 Difference	【Shift+Alt+E】
正片叠底 Multiply	【Shift+Alt+M】	排除 Exclusion	【Shift+Alt+X】
屏幕 Screen	【Shift+Alt+S】	色相 Hue	【Shift+Alt+U】
叠加 Overlay	【Shift+Alt+O】	饱和度 Saturation	【Shift+Alt+T】
柔光 Soft　Light	【Shift+Alt+F】	颜色 Color	【Shift+Alt+C】
强光 Hard　Light	【Shift+Alt+H】	光度 Luminosity	【Shift+Alt+Y】
颜色减淡 Color　Dodge	【Shift+Alt+D】	去色	海绵工具+【Shift+Alt+J】
颜色加深 Color　Burn	【Shift+Alt+B】	加色	海绵工具+【Shift+Alt+A】

7. 选择功能快捷键

操　作	快　捷　键
全部选取	【Ctrl+A】
取消选择	【Ctrl+D】
重新选择	【Ctrl+Shift+D】
羽化选择	【Ctrl+Alt+D】
反向选择	【Ctrl+Shift+I】
载入选区	【Ctrl】+点按图层、路径、通道面板中的缩略图

8. 滤镜快捷键

操　作	快　捷　键
按上次的参数再做一次上次的滤镜	【Ctrl+F】
退去上次所做滤镜的效果	【Ctrl+Shift+F】
重复上次所做的滤镜（可调参数）	【Ctrl+Alt+F】
选择工具（在"3D 变化"滤镜中）	【V】
直接选择工具（在"3D 变化"滤镜中）	【A】
立方体工具（在"3D 变化"滤镜中）	【M】
球体工具（在"3D 变化"滤镜中）	【N】
柱体工具（在"3D 变化"滤镜中）	【C】
添加锚点工具（在"3D 变化"滤镜中）	【+】

续表

操 作	快 捷 键
减少锚点工具（在"3D 变化"滤镜中）	【-】
轨迹球（在"3D 变化"滤镜中）	【R】
全景相机工具（在"3D 变化"滤镜中）	【E】
移动视图（在"3D 变化"滤镜中）	【H】
缩放视图（在"3D 变化"滤镜中）	【Z】
应用三维变形并退回到 Photoshop 主界面（在"3D 变化"滤镜中）	【Enter】
放弃三维变形并退回到 Photoshop 主界面（在"3D 变化"滤镜中）	【Esc】

9. 视图操作快捷键

操 作	快 捷 键	操 作	快 捷 键
选择彩色通道	【Ctrl+~】	向左卷动 10 个单位	【Shift+Ctrl+PageUp】
选择单色通道	【Ctrl+数字】	向右卷动 10 个单位	【Shift+Ctrl+PageDown】
选择快速蒙版	【Ctrl+\】	将视图移到左上角	【Home】
始终在视窗显示复合通道	【~】	将视图移到右下角	【End】
以 CMYK 方式预览（开关）	【Ctrl+Y】	显示/隐藏选择区域	【Ctrl+H】
打开/关闭色域警告	【Ctrl+Shift+Y】	显示/隐藏路径	【Ctrl+Shift+H】
放大视图	【Ctrl++】	显示/隐藏标尺	【Ctrl+R】
缩小视图	【Ctrl+-】	捕捉	【Ctrl+;】
满画布显示	【Ctrl+0】	锁定参考线	【Ctrl+Alt+;】
实际像素显示	【Ctrl+Alt+0】	显示/隐藏"颜色"面板	【F6】
向上卷动一屏	【PageUp】	显示/隐藏"图层"面板	【F7】
向下卷动一屏	【PageDown】	显示/隐藏"信息"面板	【F8】
向左卷动一屏	【Ctrl+PageUp】	显示/隐藏"动作"面板	【F9】
向右卷动一屏	【Ctrl+PageDown】	显示/隐藏所有命令面板	【TAB】
向上卷动 10 个单位	【Shift+PageUp】	显示或隐藏工具箱以外的所有调板	【Shift+TAB】
向下卷动 10 个单位	【Shift+PageDown】		

10. 文字处理（在字体编辑模式中）快捷键

操 作	快 捷 键	操 作	快 捷 键
显示/隐藏"字符"面板	【Ctrl+T】	将所选文本的文字大小减小 2 点像素	【Ctrl+Shift+<】
显示/隐藏"段落"面板	【Ctrl+M】	将所选文本的文字大小增大 2 点像素	【Ctrl+Shift+>】
左对齐或顶对齐	【Ctrl+Shift+L】	将所选文本的文字大小减小 10 点像素	【Ctrl+Alt+Shift+<】
中对齐	【Ctrl+Shift+C】	将所选文本的文字大小增大 10 点像素	【Ctrl+Alt+Shift+>】
右对齐或底对齐	【Ctrl+Shift+R】	将行距减小 2 点像素	【Alt+↓】
左/右选择 1 个字符	【Shift+←】/【→】	将行距增大 2 点像素	【Alt+↑】
下/上选择 1 行	【Shift+↑】/【↓】	将基线位移减小 2 点像素	【Shift+Alt+↓】
选择所有字符	【Ctrl+A】	将基线位移增加 2 点像素	【Shift+Alt+↑】
显示/隐藏字体选取底纹	【Ctrl+H】	将字距微调或字距调整减小 20/1000ems	【Alt+←】
选择从插入点到鼠标点按点的字符	【Shift】加点按	将字距微调或字距调整增加 20/1000ems	【Alt+→】
左/右移动 1 个字符	【←】/【→】	将字距微调或字距调整减小 100/1000ems	【Ctrl+Alt+←】
下/上移动 1 行	【↑】/【↓】	将字距微调或字距调整增加 100/1000ems	【Ctrl+Alt+→】
左/右移动 1 个字	【Ctrl+←】/【→】		

参考文献

[1] 朱仁成，王翔宇，王开美，等.3ds max6 建筑与环境效果图艺术表现.北京：电子工业出版社，2004.

[2] 朱仁成.Photoshop CS 中文版效果图后期处理商用实例.北京：电子工业出版社，2005.

[3] 张金霞，等.平面设计教程与上机实训 Photoshop CS.北京：机械工业出版社，2005.